大樂文化

大樂文化

大樂文化

對話的力量

——連薩提爾也佩服的4堂溝通課——

帶人要深得人心，不是單向的「說道理」，
而是要溫暖他「受傷的心理」！

世古詞一◎著　黃瓊仙◎譯

シリコンバレー式最強の育て方

第1章

為何「一對一面談」能挖出冰山下的問題？ 029

CONTENTS

第3章 要幫助部屬成長，該談些什麼？

推薦序

主管的一句話竟有如此大的力量！

遠傳電信副總經理、國立台灣科技大學管理學博士　郭憲誌

當我接到為本書撰寫推薦序的邀請時，腦海中瞬間閃過的念頭是：這是一本什麼樣的書？為什麼會找我推薦？仔細讀過編輯寄來的稿子後，我立刻決定寫下這篇文章。

我在企業擔任主管超過二十五年，早期不清楚自己說出口的話對部屬會產生多大的影響。因此，過去與部屬的溝通如同政令宣導一般，希望絕對的要求能獲得絕對的服從，但總是事與願違。

隨著領導經驗的累積及年紀的增長，我才真正體會到：其實主管的一句話，很可能改變一個員工的職涯發展，甚至是一輩子的價值觀！

以我自己的經驗來說，當主管以不理性的言語與我對話時，情緒會受到影響，即使沒表現出來，但內心卻是完全不同的感受，這不只降低了我的工作熱情，更時常讓我懷疑：為什麼要這麼積極做事？少做少錯、不做不錯，不是更好嗎？雖然我都能很快脫離這些負面情緒的影響，但我相信很多人不一定走得出來。

簡單地說，要建立員工的信心，公司需要投入極大的資源，但要澆熄一位部屬的熱情，卻只要主管不經意的一句話。我曾經在其他文章中提到：主管要在公開場合稱讚員工，但告誡與批評只能私下進行，其根本原因就是人性。

主管的位階越高，氣度與包容心就要越大。只有讓員工願意與主管說真話，不怕被罵，組織才會真正在正面循環中成長。

本書介紹的一對一面談制度，在許多大型的跨國企業、績效卓著的創新科技公司已經行之有年，包括在我服務的公司，多數高階主管都時常運用此一制度，來管理與運作自己的團隊。就我所知，許多主管即使知道應該採用這樣的制度，但面談時鮮少有一套完整的方法。

本書以系統的方式，介紹為什麼該做、該怎麼做，從觀念到操作方法都有完整的說明，以我自身的職場經驗來檢視，是一本非常難得，而且極具實務價值的好書，值得推薦！

推薦序

持續溝通與對話，讓主管與部屬零距離

元智大學管理學院領導暨人力資源學程副教授　李弘暉

領導者應為資訊的創造者與傾聽者，主要的任務在於確認與部屬的溝通零距離，和彼此坦誠對話。同時，領導者的責任是創造組織內開放（open）的氣氛，並建立溝通（communication）與對話（dialogue）的機制。

資訊科技的快速發展與網路社群的興起，讓溝通不再受時間與地域的限制。即時的對話與反饋（feedback），已經成為領導者的另一個挑戰。

在強調速度的時代，在訊息方面從收集、掌握、過濾，到分享與反饋、判斷與決斷、擴散與儲存，都是領導者能否掌握競爭優勢與先機，並即時回應環境與顧客需求的重要課題。這一切有賴於領導者與員工建構暢通的溝通管道。

溝通管道應該具備即時、雙向，並坦誠、開放、互信、高互動的特質。我們也可以發現，過去「年度績效管理系統」著重於檢討與獎勵，是從歷史性的觀點考核員工績效的管理機制，但在資訊科技時代，需要主管即時回饋員工。由此可見，頻繁、持續、即時的溝通，將是領導者達成組織目標必須做的事。

與員工溝通是現代企業管理中最重要的一環，除了要善用各種技巧與策略之外，更要具備正確的溝通理念。

重視員工是領導者應具備的第一個溝通理念。不重視員工的領導者，極易忽略員工在組織中的重要性，更遑論能注重互動。唯有將員工視為組織的資產，領導者才會傾聽員工的聲音，重視其專業。

有效的溝通是連結員工、工作，以及組織的願景策略。重視員工的領導者會主動扛下溝通的責任，並帶動組織與員工創造合作和雙贏關係。

另一方面，要將溝通視為必需的工作流程。領導者的策略目標、員工的專業知識、組織的系統架構，都必須藉由溝通管道提供訊息，才能即時回應內外環境的需求。將溝通視為企業運作的核心，才能掌握資訊處理的優勢。

真正的溝通是一種互動的態度，需要長時間的交流才能建立共識。將溝通視為組織必備的核心工作流程，才能充分掌握資訊。別忘了，掌握資訊的人，在決策上往往優於缺乏資訊的人。

再者，領導者要懂得設立對話的機制。所謂「對話」，指的是領導者與員工之間透過彼此瞭解，分享不同的觀點，達成共有、共享資訊的意義。對話的基本前提是傾聽，並在過程中表達個人情感，探索不同的立場，達到合作、雙贏、共享價值的目的，才能夠營造組織開放的溝通氣氛。

領導者要瞭解，對話不僅是建立溝通管道，更在建構與員工互信的關係。

溝通是組織中每天必然發生的事情，也是頻率最高的組織活動。雖然有許多技巧可協助領導者提高溝通品質，但若不能具備正確的理念，所有的對話就只是表象，無法發揮真正的功效。這本書提供了具體的建議與做法，讓領導者與員工的溝通零距離。

前言

矽谷的「一對一面談」，不是在說道理而是溫暖人心！

「部屬真的不受教。」

「能安心委以重任的優秀員工要離職了。」

「只是稍微嚴格要求，立刻有部屬心靈受傷。」

「部屬全是被動族，不會自己思考，也不會主動做事。」

「最近整個團隊死氣沉沉。」

我目前從事企業員工心理諮商的工作，每天都會聽到身處第一線的主管或人事部門的職員，這樣向我訴苦。難道是主管沒有好好帶領團隊或部屬嗎？

其實並非如此。管理者為了讓團隊拿出成果，深入瞭解公司的業務及服務內容，與相關的人圓融溝通、努力建立關係。然而，他們認真工作，甚至不厭其煩地加班，還是無法改變這樣的狀況。不僅如此，最近越來越多優秀部屬毫無預警就遞出辭呈，這到底是怎麼一回事呢？

我認為直接的原因在於：社會背景劇烈轉變，但是主管與部屬之間的溝通方式卻毫無改變。

現在進入社會的新鮮人被稱為「寬鬆世代」（編按：指出生於日本一九八七年以後的世代。在就學時期受到「寬鬆教育」影響，普遍被認為學習能力、競爭力下降，容易在職場上出現人際問題），資質已經與以前不一樣。工作環境嚴苛一點的公司，馬上被貼上「黑心企業」或「血汗工廠」的標籤，大環境及個人對於工作方式的想法也發生劇烈變化，再加上成果主義的時代走到盡頭，現代社會不再只以結果評價個人成就。在這樣的社會背景下，**目前最大的問題是主管與部屬無法良好地溝通。**

在日本，提到主管與部屬的正式溝通管道，多半是指一年兩次的考核面談，而這種場合總是瀰漫緊張的氣氛。此外，針對發生問題的部屬，主管可能會不定期地說：「○○○，可以跟你聊聊嗎？」把他找來談話，並加以指導。

主管要在這種場合，把想說的或必須說的話告訴部屬，因此氣氛嚴肅，這造成日本企業主管與員工都對排斥單獨面談。要改善這種情況，我認為必須改變溝通的情境與方法。

在其他國家是什麼樣的情況呢？美國矽谷聚集許多新興創投企業，同時是世界知名企業總部的所在地，「一對一面談」的文化早已在矽谷企業根深柢固。主管與部屬每週必定進行一次三十分鐘至一小時的一對一面談，在自由交談中，主管可以掌握部屬目前的狀況和想法，建立良好的溝通管道，這正是主管的重要職責。

什麼是一對一面談？

一對一面談（1 on 1 Meeting），是指主管與部屬定期的對話時間。與一般面談最大的不同是：一對一面談除了是部屬的專屬時間，也是主管與部屬的溝通時間。主管要扮演諮商師，聆聽部屬發言，掌握他的狀況與關心的事。有時候要當場給予建議，幫助解決問題。

一對一面談最重要的是幫助部屬抒解情緒，讓部屬產生認同感，並且願意付諸行動接受下一個挑戰。一對一面談至少需要一個月進行一次，如果還未與部屬建立良好關係，我建議一個月可以舉辦兩次。在這樣的頻率下，你將發現與部屬之間的關係開始產生改變。

美國矽谷人才濟濟，一名優秀工程師就可能改變一家企業的命運。這是個不容大意的競爭市場，一旦優秀人才認為無法再獲得任何東西，馬上會跳槽至別家公司。谷歌（Google）前執行長兼董事會主席艾立克．施密特（Eric Schmidt）與前商品部資深副總經理強納森．羅森伯格（Jonathan Rosenberg），在合著作品《Google 模式》（*How Google Works*）中提到：

事業進展的速度必須遠遠超過工作程序，因此混沌雜亂是最理想的狀態。在混沌雜亂中，完成必要工作的唯一方法就是人際關係。耐心地花時間認識員工，建立深厚的關係吧！

能夠不斷展現成果的主管，會安排時間與部屬建立良好關係，並透過面談的方式，從公司的角度聆聽員工心聲，進行各種改善，打造能讓員工發揮所長的工作內容和環境，激發創意。

在這個時代，即使分隔兩地也能互相聯繫，但在科技最先進的矽谷，仍然非常重視面對面溝通。當我參訪其他日本企業時，就有公司把一對一面談時間稱為「Quality Time」，視為對部屬珍貴且重要的優質時間。這項矽谷式人才管理方式，正是當今企業最需要的。

一對一面談是建立信賴關係的管道

VOYAGE GROUP（以下簡稱為VG），是二〇一五年於東京證券交易所市場第一部上市的IT公司。從VG的創業時期開始，我以經營幹部的身分參與公司營運長達八年，在二〇〇八年創業，擔任組織人事諮詢顧問與企業教練。雖然現在已離開VG，在與各企業合作之餘，也以特別研究員的身份擔任VG的人事諮詢顧問。

ＶＧ是一家充滿朝氣的公司，曾在二〇一五年至二〇一七年，連續三年被日本職場優質環境協會（Great Place to Work Institute Japan）評選為中型規模企業（員工數一〇〇～九九九名）「值得就職第一名」。這項評鑑的標準是：員工信任企業、經營者與管理者，並且對自己的工作感到自豪，與共事的人產生一體感。ＶＧ就是這樣的公司。

ＶＧ訂定了各種促進內部對話與溝通的機制，其中最重要的就是一對一面談，至今已實施超過十年，而我從設計到實際實行全程參與。一對一面談成為主管與部屬之間建立信賴關係的管道，也是培訓員工的重要機會。

當我對其他企業的經營管理者提及這件事，大家都深感興趣，但對實行方式感到困惑。管理者只知道自己的做法，沒有辦法確認是否正確，一對一面談就像是「黑箱作業」，只有當事人知道談話內容是什麼。**因此，大多數的人成為主管後，需要與部屬面談時，因為無從得知其他人的方法，往往會參考以前與主管談話的經驗。**

由於工作關係，我得以實際參與、旁聽許多一對一面談的內容，有時候還可以允許我錄音，因此知道眾多主管面談時的秘技。這些經驗讓我能給予其他主管建議與指導，改善一對一面談。本書系統化地整理有關面談的知識，並介紹一對一面談的方法。希望各位讀者可以參考，並加以實踐。

矽谷是一對一面談的發祥地，也是全球人才競爭最激烈、成長卓越的地區。本書將詳述我實際在企業諮詢、旁聽獲得的技巧，同時希望將企業今後必備的能力與條件傳達給各位。

我深深希望這些富有責任感的主管們，每天的忙碌奔波和努力能夠獲得回報，因此提筆撰寫本書。如果本書能成為各位主管的指南，在人才管理方面有所助益，我將深感榮幸。

建議
閱讀本書的方法

本書具體介紹什麼是一對一面談、它對人才管理有何幫助，並且說明實際執行時，該如何操作、有哪些注意事項。

第一章探討現今企業為什麼需要一對一面談，並配合社會背景說明其優點。希望各位務必從第一章開始閱讀。

第二章及第三章介紹一對一面談的實際談話內容（主題）。一對一面談不是一味地聊工作，也不是單純閒聊。**主管只要事先記好七大主題，便能輕鬆進行已設定的內容，執行高品質的一對一面談**。第二章首先說明與部屬建立信賴關係的主題，奠定人際關係的基礎，第三章再介紹幫助部屬成長的主題。

第四章將具體說明，在一對一面談從準備至結束的期間，應依序執行的順序：

- 一對一面談開始前的準備事項
- 一對一面談的半小時內，要談論的內容與時間分配
- 一對一面談結束後要做的事情
- 持續實行一對一面談的重點

一對一面談的對話主題，是以第二章與第三章的內容為基礎。想依照順序並深入閱讀的讀者，請從第二章開始翻閱。已開始執行一對一面談的讀者，想知道如何在組織內部活用一對一面談，或是如何持續執行，可以先從第四章後半部開始閱讀。

NOTE

第1章

為何「一對一面談」能挖出冰山下的問題？

組織內的溝通，不能只是為了交換資訊

當今企業面臨的問題，大致可分為事業與組織兩個層面。我身為人事諮詢顧問，主要為企業解決組織層面的問題，例如：員工不受教、優秀人才離職、團隊毫無動力等**與人相關的各種問題。但追根究柢，發生這些問題的根本原因是：「個人的對話時間」不足。**

個人的對話時間，是指部屬說出對於工作、職涯或個人生活的各種想法和感受，而由主管傾聽的時間。多數主管都願意與部屬溝通，為了拿出漂亮的成績，也確實需要與部屬緊密對話。換句話說，這樣的對話是將焦點鎖定在工作的「公事對談」。舉例來說：

以成果為目標的資訊交換

目的

針對個人的對話

部屬：「競爭對手在這個案子也提出相同條件，我希望這次能夠不依照正常程序處理。」

上司：「我瞭解。如果不依照正常程序，也能夠獲得龐大收益，就照你想的去做。」

像這類針對個案的溝通內容，通常會出現在會議或是部屬「報告、聯繫、商量」的過程。通常因為事情緊急，部屬抓住上司口頭詢問，只會帶來非常短期的效果。與其說是溝通，不如說是資訊交換。

這麼做並沒有不好，但如果只是為了交換資訊，未來恐怕不需要透過主管，交由ＡＩ人工智慧處理即可。ＡＩ人工智慧系統甚至能提供更正確、可確實獲得成果的建議。

聚焦在個人的對話，才能持續創造出績效

另一方面，**將對話的焦點擺在個人，便能與部屬建立信賴關係、消除他的不安感，並能確認他的身心狀況**。在此借用某位女性的話，說明一對一面談。

我問她：「你認為一對一面談有什麼優點？」

她回答：「我雖然在工作，卻越來越不曉得自己置身何處、在做什麼，也不知道自己的目標是什麼。或許是因為不清楚自己的立場，才覺得煩躁。趁著一對一面談時，我把所有想說的話一吐而盡，感覺非常舒暢。

「剛開始覺得：沒有先將自己想說的話整理過就說出口好嗎？但是，主管願

意傾聽，我漸漸地敢暢所欲言。**而且主管允許我盡情做想做的事，讓我改變工作心態，在團隊能夠盡情發表自己的意見。**現在回想起來，當時確實累積太多想說的話，但在那之前，沒有可以讓人暢所欲言的環境。」

如果你是主管，應該曾在聚餐的場合，或是單獨面談的時候聽部屬訴苦。不過，如果這位女性是在上班時間與主管比肩而坐，進行資訊交換的面談中，她絕對不會說出這些話。

一對一面談的第一個特徵，是抽象的交談主題。在還沒有整理好想法的階段就開始對話。相反地，如果只是交換資訊，主題則是針對個別案件等的具體事項。

第二個特徵，是主管要以同理心誠摯聆聽，引導部屬做出決定。但若是交換資訊的談話，主管只會理性地給予建議、做出判斷。前述的案例是因為主管誠懇地聆聽心聲，才讓部屬敢一吐而盡，最後做出「以後要更暢所欲言」的決定。

此外，一對一面談時，主管會詢問：「你對目前的工作有什麼看法？」、「身體狀況如何？」、「你對這份工作的未來有什麼想法？」、「現在的工作內容有沒有讓你成長？」、「有沒有改善對策？」，並且傾聽部屬的想法。這些問題絕對不會出現在資訊交換的場合，因為解答這些問題不會讓你在短時間內獲得成果。

如果每個組織和團隊只在需要交換資訊時，才有機會讓主管與部屬面談，雖然能夠獲得短期成果，但是與創造亮眼成績的根本條件：身心健康、工作態度、成長的充實感，與能力開發等，卻是毫無關連，難以持續創造佳績。

員工會離職，是因為沒有人可以商量自身煩惱

現在社會的職場環境，還沒辦法讓部屬適時表達心聲。我曾以第三者的身分採訪某家公司的離職者，當時得到的結論是，**這些人會離職其實都有隱性原因：煩惱時沒有可以商量的對象。**

每個人對於工作會有各種想法，例如：無法融入環境、對考核不滿意、對工作感到煩惱等。如果主管對這些煩惱置之不理，就可能提高部屬的離職率。一對一面談時，先讓部屬選擇談話主題，主管認真聆聽，並以同理心思考為何部屬會產生這些想法，才能為彼此創造建立良好關係。

二〇〇八年《不開心的職場》一書在日本成為暢銷書，是因為一九九〇年代後

成果主義普及，**團隊過度重視業績，使必要但無法幫助個人業績成長的「玩樂」消聲匿跡，導致員工之間的「牆」愈築愈高，職場內的摩擦日益嚴重。**

現今許多企業遵守「零加班」的理念，重視「提升產能」的經營模式，不過本書開頭就描述了充滿摩擦的職場景象，「整個職場瀰漫緊張的氣氛，同事之間毫無交談」、「就算遇到困難，也沒有人會主動詢問是否需要幫忙」等問題依舊存在，甚至更加嚴重，卻沒有企業針對這個問題積極提出解決方案。

企業想提升產能，得每月「一對一面談」讓部屬成長

最近常聽到許多主管說：「我不曉得部屬在做什麼。」某位工程師主管告訴我：「因為專案的關係，部屬需要長期駐守在客戶公司，我幾乎沒有機會和部屬交談，只能完全交給他們。」又有主管說：「坐在我隔壁的部屬都不打電話與客戶聊天，我完全不曉得他會和外面的人聊什麼。」

在電話聯絡盛行的時代，主管可以聆聽電話交談內容，確認部屬的成長狀況，也可以當下給予建議。電話沒落後，進入電子郵件時代，主管要求部屬將與客戶往來的所有郵件寄送副本給自己，以確認工作進度，大致還能掌握部屬的工作狀況與能力。

但時至今日，講求效率的公司，例如：廣告公司、IT企業，無論是內部溝通或對外聯繫，大多都透過Line、Facebook、Slack 等個別通訊工具來進行，**越來越多主管無法掌握部屬的工作進度，於是造就無法協助部屬成長的工作環境。**

從社會背景的轉變就知道，現在正是需要透過一對一面談溝通的時候。個人的生活方式及環境變得更加多元和複雜，影響工作的因素也與日俱增。主管要讓工作順利進行，勢必得更清楚掌握員工的狀況，包含現在經常看到或聽到的關鍵字：

- 私事複雜化：照顧年邁雙親、男性投入育兒工作、女性的就業方式、托兒照顧、性少數者（LGBT）等。
- 罹患心理疾病的人增加。
- 加班和勞動模式成為社會問題，例如：黑心企業、過勞死等，必須強化企業的管理義務。
- 轉職市場擴大，員工流動率提高。
- 不認同就不行動的年輕族群增加。

- 細分工作流程與零失敗的作業程序，讓部屬失去成長機會。
- 看不見職涯發展方向，讓年輕員工對未來憂心忡忡。
- 幸福的定義更加多元化，例如：有錢不一定幸福，能做想做的事才是人生第一目標。
- 處理職場霸凌，包含：性騷擾、權力霸凌、精神暴力等。
- 環境瞬息萬變，設定的工作目標也需要跟著改變。
- 從事副業的人數增加。
- 跟同事聚餐、喝酒的機會減少。

如上所述，個人面臨的問題與工作息息相關，這些問題及背景也變得個別與特殊化。二十年前，孩子發燒不可能成為上班遲到的正當理由；十年前，這或許勉強行得通；但現在，許多公司已經寬容對待這樣的理由。不過，要讓公司接受，前提是公司必須清楚員工的生活狀況，而且願意以同理心看待。

在一對一面談的場合，部屬可以告訴主管：「最近內人身體不適，我必須先送孩子去幼稚園再來上班。因為時間緊湊，有時候改搭計程車還是只能勉強趕上。如果可以，能否讓我這一個月延遲十五分鐘上班？其實我一直想提出這個請求，還好公司安排一對一面談，讓我能夠藉這個機會說出來。」

但部屬幾乎不可能主動找主管商量這種事情。通常是主管問：「可以來一下嗎？」把部屬叫過來談事情。主管是為了傳遞訊息才找部屬面談，但部屬會找主管談話，通常是在向主管求救。**因此，當務之急，是主管應該在部屬發出求救訊號前先掌握狀況，定期與部屬面談。**

伴隨著這樣的社會背景，「工作與生活平衡」（Work-Life Balance）的口號已經喊了很多年。二〇一六年八月，工作生活平衡推廣會提出《工作與生活平衡的推廣方式，應從組織導向轉換為個人導向》的提議書，因為一直以來呼籲工作與生活應該平均分配，都是以組織利益為優先。

現在這個觀念已經不適用了。或許主管會覺得刺耳，但要先讓部屬建立「先想到自己」的觀念，才可能讓工作與生活達到平衡。仔細想想也是理所當然，一家公司會有幾位基層員工，能以公司觀點思考事情呢？通常都要等到晉升為主管，才會漸漸以公司為重，為公司著想。**今後會受求職者青睞的公司，是能讓部屬以自己的事為優先，且願意聆聽部屬私事的企業。**

公司不只要能傾聽員工心聲，還必須提供成長機會，他們才能找到工作的意義，並且提升產能，這才是現代版勞資關係。在日本高度經濟成長期，公司採用終身雇用制，並且定期加薪，因此員工願意加班，努力工作。但到了現在，公司與員工無法再達成這樣的約定。這個時代，公司要與員工共存，必須誠懇地與他們對話，因此一對一面談是最好的方法。

為何無法執行「一對一面談」？因為忙碌、不擅長……六個理由

許多企業的人事部成員向我請教組織面的問題時，都對我提出的一對一面談深表贊同，因為他們可以想像落實一對一面談後的轉變。可是，比較清楚職場實際狀況的人事部成員，或是從實際工作現場調至人事部的人，皆表示要落實有難度。有人告訴我：「你說的我都懂，但我認為大家不會這麼做。」

大家都知道，確實執行一對一面談會帶來好的轉變，但為什麼都不做呢？雖然每家企業的狀況不盡相同，我詢問許多人以後，歸納出一對一面談無法確實執行的六個理由。

無法落實的理由(1)：忙碌

「忙碌」是最多人提到的理由，通常會再加上一句：「實在挪不出時間每個月與部屬面談啊！」根據日本經營協會發行的《二〇一四日本中階主管白皮書》，有八成以上的中階主管是所謂的成員經理人（譯注：Playing Manager，身兼小組成員與經理人的角色），要同時處理自己負責的業務與管理工作，每天都過得非常忙碌。

這些中階主管在工作上最常遇到的問題是「業務量過大」，比例高達三四．六％，每三人就有一人為龐大業務量所苦。**雖然他們很忙碌，但是忙到每個月無法為部屬抽出半小時，真的能稱為「管理者」嗎？**有些主管表示：「旗下管理三十名部屬」，歸根究柢，這應該是組織的編制有問題。由於工作佔據大量時間，主管沒有餘裕將一對一面談納入優先考量。

無法落實的理由(2)：嫌麻煩

「嫌麻煩」則與忙碌的心態不同，不論是否有充裕的時間，他們就是討厭新工作上門。而且，其中正好有兩種相反的思考模式。

一種是對一對一面談不感興趣。因為自己擅長的是其他領域，因此想專心往那個領域發展，一對一面談的優先處理順序就被擺到後面。

另一種則是覺得一對一面談非常重要，認為一定要完美執行，因此覺得自己無法完美達成，或不曉得該如何實施。

前者因為無法實際感受一對一面談的效果及意義，後者因為不曉得執行方法，才無法落實。

無法落實的理由(3)：過往經驗的不好印象

我訪問過許多曾與主管面談的人士，最常聽到以下的回答：

「說是面談，最後卻變成在說教。總之就是印象很不好。」

「主管一直在自誇以前的事蹟。」

「只記得單獨面談被盤問到不知該說什麼。」

「面談時，我表示就到此為止，主管竟然回答：『不，我看你還是無法認同。』不放我走，簡直就像關禁閉。」

不少人在自己還是部屬時，對主管的單獨面談留下陰影。這就是面談時以主管為重，而非以員工為主的證明。部分主管因為過去不好的經驗，而不願執行一對一面談。

無法落實的理由(4)：不擅長

出乎意料地，許多主管覺得自己不擅長面談，他們認為一對一面談就是聽部屬抱怨或責難，而他們不知道如何排解部屬的不滿。

這些主管如果是有決定權的幹部則另當別論，但根據中階主管的權限，只能告訴部屬：「這就是工作，你必須要做」，因此他們盡可能避免直接面對部屬，傾聽對方的不滿。**主管大多覺得：聽部屬訴苦就必須幫忙解決問題，但不曉得該如何解決，所以不想聽他訴苦。**

另外，認為自己不擅長的人當中，有許多是屬於技術型主管。他們擅長以專案經理的身分執行業務，但是碰到人際關係的問題就束手無策。因此，這類主管多數認為自己無法做好一對一面談。如果沒有自信，認為自己做不來，也會導致一對一面談無法落實。

無法落實的理由(5)：認為沒必要

有些主管認為部屬目前看起來沒有任何不滿，自己也管理得很好，不想多此一舉。或是覺得部屬相當優秀、自動自發，不想為了一對一面談打擾部屬工作。

儘管如此，其實多數員工希望能有機會與主管溝通。管理者通常會把時間用在比較需要關注的部屬身上，但**有時候，優秀的部屬也希望獲得認同，或是與人討論未來的發展**。主管單方面認為：「跟〇〇〇一向溝通良好」、「〇〇〇很優秀，不管他也沒關係」，也會導致一對一面談無法確實執行。

無法落實的理由(6)：從未與主管單獨面談

最後的理由是：自己過去從未與主管面談過。這個理由不知不覺間影響許多主管。雖然他們不曾明說，但從諮商過程可以看出，能否確實執行一對一面談，差異就在於是否曾經頻繁地與主管面談。

你現在的管理方式，受到誰的影響最深？是不是自己的主管對你有很大的影響呢？**許多人剛成為管理者時，都會參考自己主管的做法，當中也包含了負面教材。**教養孩子也是一樣，我們不知不覺間受父母影響，最後也是仿效雙親的方法來教養自己的孩子。

學習來自模仿，人類總在無意識中邊模仿邊學習。並不是因為一對一面談「好或不好」，而是根據過去的經驗去做。

管理部屬時，如果沒有確實發現某種方式的成效，並且有意識地改變管理方式，管理模式就不會有任何改變。

因為這樣的環境及心理因素，即使知道一對一面談的優點，卻還是無法執行，或是讓公司每個月舉辦的面談淪為形式。

要在如此不利的環境下落實一對一面談，主管必須先瞭解，一對一面談的好處遠勝於無法執行的理由。

總整理

一對一面談無法落實的理由

- 忙碌
- 嫌麻煩
- 過往經驗的不好印象
- 不擅長
- 認為沒必要
- 從未與主管單獨面談

落實每個月的面談，能達到八種好處

為了讓一對一面談比其他工作更優先執行，必須先充分瞭解其優點，才能提升重要性。本節將介紹一對一面談創造的八項優點。

讓主管與部屬建立堅若磐石的信賴關係

主管想與部屬建立信賴關係，就必須先瞭解彼此的想法與過去，才能產生共鳴。因此，增加一對一面談的次數，有助於建立信賴關係。

信賴感是人際關係的根基，當一個人不斷與某個對象接觸，就會降低警戒心，加深好感，心理學稱之為「單純曝光效應」（Mere Exposure Effect）。我總是先告訴主管：「應該透過一對一面談，增加交談的機會。」這時會有主管表示：「我平日經常與部屬交談，很清楚他的狀況，所以一對一面談時反而沒話說。」但是，你真的瞭解你的部屬嗎？

前NHK主播下重曉子女士，於二〇一六年出版《家人這種病》的開頭寫道：

每次和朋友見面時，我總習慣問：「你瞭解你的家人嗎？」朋友會回答：「當然瞭解了，這不是理所當然的嗎？」我繼續追問：「你真的瞭解？」

這本書在日本引起了廣大的話題討論。即使與家人同住一個屋簷下，也不一定能看透家人的內心想法。孩子越乖越不需要雙親擔心，也不會有需要特別商量的事，因此雙親總是採取守護的態度看著孩子。夫妻裝作非常瞭解彼此，事實上把對方當做空氣，漸行漸遠。我們反而是為了讓好朋友更瞭解自己，而經常跟朋友交談。出乎意料地，越親近的人反而越不瞭解彼此。

這也適用於每天都會在公司見面的同事或部屬。**我們與同事或部屬相處的時間比家人還長，但對他們又瞭解多少呢？**

或許有的團隊成員認為：「我們團隊的感情良好」，但是主管對於這些成員在國中、高中、大學時期熱衷的事物，又知道多少呢？許多主管開始實施一對一面談後，最常說的感言是：「我現在才發現，原來我竟然這麼不瞭解部屬。」

實行一對一面談後發現：瞭解愈深，不知道的事也愈多，才會讓「想更瞭解對方」的意識與態度提升。反而是自以為瞭解部屬時，既不想傾聽對方心聲，也不會想深入認識。

當主管發現不瞭解自己的部屬，才願意虛心、不斷地實施一對一面談，努力與部屬建立不可動搖的信賴關係。**累積深厚的信賴關係後，當公司出現營運問題時，所有人才會上下一心，團結一致度過難關。**

有些公司雖然能夠做出一時的成果，表面上組織營運也很正常，但是經營出現問題時，組織架構立刻崩壞，導致營運更加惡化，這樣的案例不勝枚舉。支持企業對抗逆境的強大力量來源，正是組織中不可或缺的信賴關係，而一對一面談能使這股力量變得更加茁壯。

讓身心不適的部屬再次充滿活力投入工作

部屬很難特地開口告訴主管自己的私人小事，例如：「總覺得身體狀況不是很好」、「最近睡不好」、「最近工作量變大，覺得自己快負荷不了」等。但在一對一面談時，如果主管問：「最近睡得好嗎？」部屬很容易將這些感受傾囊而出。

此外，當人面對面時，更可以從對方的表情、聲調等語言以外的管道，感受對方的想法。你會問：「怎麼看起來無精打采，你還好吧？」正是因為面對面，才有辦法提早察覺對方心理及生理狀態的變化。

參考這些訊息找出對策，改變工作的內容或方式等，能讓員工再度充滿活力面對工作。

讓毫無幹勁的部屬變得自動自發

該如何讓人主動拿出幹勁呢？羅徹斯特大學（University of Rochester）的愛德華・德奇（Edward L. Deci）教授，是研究「內在動機」的第一把交椅，他認為要讓一個人充滿幹勁，必須滿足三個基本需求：關聯性的需求、擁有能力的需求、自主性的需求。實行一對一面談，能同時滿足驅動內在動機的三個需求。

第一，關聯性的需求，是指自己被對方接受的感覺。例如：詢問部屬關心的事、留意其身體狀況等。與部屬對話或提問，其實就是一對一面談本身執行的內容。

第二，擁有能力的需求，是認為「自己也能辦得到」，能幫上忙的感覺。要讓部屬有這樣想法，應該表達對部屬的期望、謝意，或是認同他的能力。把每一位部屬當成有能之士，才能提升他們對自己能力的信心。這也是一對一面談時，主管必須實踐的重點。

第三，自主性的需求，是指讓部屬擁有自主權。不是在背後推動部屬，讓他覺得這件事非做不可，而是改變他的視野，培養主事者意識。這也能透過一對一面談達成。

假設某位部屬對於在職訓練的工作興趣缺缺，提不起勁。他認為教導別人是在浪費時間，不如提升自己的業績。一對一面談時，主管可以對他說：

主管：「如果目前提高業績的工作只是未來成就的『一部分』，那麼你認為其他部分會是什麼呢？」

部屬：「除了目前的業務，我希望不論是哪個方面，或是任何情況，我都能做出好成績。」

主管：「很好。那麼，這部分能夠與在職訓練的工作連結嗎？」

部屬：「如果負責在職訓練工作的同時，自己的工作也能拿出成績，會讓我覺得更接近未來的期許，也會更有自信。」

透過交談改變部屬看法，並使他瞭解，目前的工作內容是促進成長的必要過程。如果你是主管，是否曾經親眼見證部屬做出改變呢？

讓部屬對考核結果毫無怨言

對考核不滿，通常是因為自認應獲得的評價，和實際獲得的評價之間出現差距。差距越大，不滿的程度也越高。會產生差距，是因為與考核相關的評價只在考核時提及。剛開始雖然只有些微的差距，但是經過半年、甚至更長時間，差距會逐漸擴大，因此必須在中途就給予回饋，讓差距縮小。

當我向許多企業提到這件事時，大家都說：「您說得沒錯」，卻總是難以實施。但是，在實際執行一對一面談的企業，員工對於考核結果的滿意度都大幅提高。

讓業績優秀的人才，重拾工作熱情、積極挑戰

一對一面談時，常會聊到職業意向或想挑戰的工作內容等。定期傾聽部屬的異動意願，就可以在萬全準備下安排人事異動。尤其是表現優異的部屬，如果對相同的業務工作感到厭煩，一對一面談就能幫助防患未然。

假設沒有實行一對一面談，會是什麼情況呢？在組織結構中，有個「二六二法則」：一個組織中，前兩成的人會自動自發且充滿幹勁，中間六成的人需要拉一把才願意努力，最後兩成通常是沒什麼動力的一群人。在這樣的分層中，主管應該各花多少時間管理比較好？

最常見的狀況，是主管**放任前面兩成的人，因為他們自動自發，不需要花心思，而最後兩成的人最棘手，因此用最多的時間管理**。對前兩成的人來說，主管不會造成干擾，因此這些優秀人才可以用自己的方式做事，創造佳績。

可是，放任這些優秀員工不管，可能會出現令人擔心的問題。

第一個問題：「優秀員工的工作流程符合部門的方針嗎？」優秀部屬能夠做出

成績，主管容易過於放心，可是工作流程和方法最能反映組織方針及價值觀，必須好好磨合。

第二個問題：「部屬是否對工作心生厭煩？」如果分配給優秀部屬的目標或任務太過簡單，他可能覺得這份工作毫無意義。

第三個問題：「對主管不信任。」主管通常因為信任優秀部屬，不會過度干涉。但若是渴望獲得認同的部屬，會覺得主管沒有給予獎賞而心生不滿；若是認同感不強烈、能自動自發完成任務的部屬，則可能質疑主管存在的意義。

「我們部門需要主管嗎？」優秀部屬認為自己能完成工作，對自己評價的分數也會

二六二法則

	到目前為止	以後
前面兩成	放任不管	重點關心
中間六成		
後面兩成	花時間管理	切割時間管理

比較高。這時，如果平常不太關心自己的主管，給予考核的分數低於預期，他們通常沒有辦法接受。

正因為他們是優秀人材，極有可能因此決定另謀高就，甚至一不小心，可能跳槽到競爭對手的企業。如此一來，不單只是留不住優秀人才的問題，還會進一步嚐到其他苦果。

管理優秀部屬的基本原則，是「瞭解未來志向」與「培養全方位眼光」，具體方法如下：

- 將現在的工作內容與職涯規劃連結。
- 互相交談，找出部屬的新角色定位。
- 主管主動且徹底地與部屬報告、聯繫、商量，一起分擔公司課題。
- 觀察部屬是否處於厭煩或是自滿狀態，適時改變環境及目標。

其實，越是優秀的人越渴望被關注。雖然他不希望有人對自己的做事方法指指點點，但是有的人渴望被認同，有的人則希望分配到有挑戰性的工作。因此，主管對於前面兩成的優秀部屬，一定要更加關心。**如果長期不關心、不干涉，優秀部屬最後會對主管的話完全無感。落實一對一面談，就可以避免發生這樣的事。**

讓人才管理從「後續處理」轉為「事前預防」

面對部屬的個人問題或人際關係煩惱等，主管絕對不能敷衍了事。**如果平常就執行一對一面談，與部屬建立信賴關係，便能擴大溝通管道，不僅提升對話效果，也防患未然，降低人才管理成本。**

人才管理是管理人與組織，包含關心部屬身心狀況，協助開發能力與職涯規劃，共同設定目標並給予評價。其實，人才管理的所有課題，都能在一對一面談時解決。透過一對一面談確定上述課題的關注方向，同時追蹤進度，便能輕鬆完成人才管理的工作，不需要特別額外花費時間和心力。

如果沒有執行一對一面談，所有管理工作都會變成被動處理，主管忙於找出解決對策。

舉例來說，部屬的身心在不知不覺中出現問題而必須請假，造成人手不足的窘況。或者，平日沒有制定能協助部屬成長的計畫，無法培育能獨當一面的部屬，主管只好不斷扮演球員兼教練的角色。儘管部屬很努力，但是工作方向卻和部門目標不一致，結果白忙一場。主管甚至要處理部屬突然離職的後續工作等，大多數組織都是如此被動地管理人事。

如果確實執行一對一面談，平時在工作上的交流，也能讓主管與部屬更快掌握彼此的狀況，將被動處理變成事前預防。以上的觀點，能改變過去因忙碌而沒時間執行一對一面談的思考模式，用一對一面談讓工作更輕鬆。

與部屬的討論時間，不再冗長耗時

曾有人問我，如果執行一對一面談，會不會讓部屬只在面談時向主管「報告、聯繫、商量」，導致平日的溝通變少呢？其實，實際情況完全相反，**平常部屬主動**

報告、聯繫、商量的次數會變多。

一般來說，部屬主動找主管談話，多少會感到有壓力，所以不會太過頻繁。如果討論內容並非十分緊急，部屬會為自己找藉口，覺得「主管好像很忙」，推遲談話時機。

因為說明整件事情的前因後果，才能讓主管瞭解來龍去脈，會花費相當多時間。若是容易在意他人想法的部屬，更容易怯步。

應該不少主管都曾說過：「為什麼不早一點告訴我呢？」部屬無法全盤掌握狀況，並且設想影響的層面，因此自認目前的狀況「還可以掌握」，然而事態卻比想

部屬提出「可以借用一點時間嗎？」

	沒有實行一對一面談	實行一對一面談
部屬	・難以對主管開口 ・焦慮→不安→不滿 ・問題→問題擴大	・更容易對主管開口 ・心情馬上變舒暢 ・問題→解決
主管	不知不覺花費很多時間	短時間就結束

像得嚴重。

只要透過一對一面談，定期掌握部屬工作進度，就算他突然告訴你：「發生問題了」，你也能馬上進入狀況，部屬更敢放心地向你報告。

事實上，我詢問確實執行一對一面談的員工，都異口同聲地說：「變得更敢向主管報告」、「現在更敢對主管說：『可以借用您一點時間嗎？』，能夠預防問題發生。」

在問題變得複雜、嚴重之前著手處理，便能削減人事管理的隱藏成本，也能與部屬建立良好的信賴關係。

■當部屬的不安轉變為不滿時

如果部屬一直處於無法立即與主管討論的狀態，容易感到不安。因為部屬沒有自信做出判斷，卻不斷思索同一件事而心情浮躁，**一旦主管對於部屬的不安感置之不理，就容易轉變為不滿。**

某位部屬曾說：「每天朝會時，所有成員都要報告當日拜訪會面的安排，我不能理解這麼做的目的，總是覺得很莫名其妙。我認為應該分享更多產業相關的話題或目標速報，才能讓大家更團結一致。」

我一聽，認為這個意見很棒，於是問他：「何不把你的想法告訴主管呢？」

他回答：「因為主管沒有特意詢問大家的意見。而且，既然是管理者，自己應該要注意到這點才對。」

這個意見真是一針見血，或許也是大多數部屬的感受，他們不會覺得，需要特地對主管說出自己的想法。如果主管讓部屬感到莫名其妙，但又不找出問題並加以處理，最後他們會轉變成強烈不滿，而且覺得：「我的主管從來不為團隊著想。」到了這個地步，部屬更不願意把想法直接說出來。

不滿的情緒無法昇華為主動改善，而是變成在主管背後的牢騷。優秀人才甚至連發牢騷都懶了，直接跳槽到別家公司。想處理好部屬的情緒，一對一面談是相當有效的方法。

再也沒有員工會「閃電離職」

如果想讓部屬遵守部門與公司的經營方針，主管必須經常與自己的上司磨合意見。同時，在回應部屬要求、擬定改善策略，或給予建議時，也需要多與上司協調、尋求意見。如此一來，主管與其上司的溝通次數必然增加，組織整體就能建立堅若磐石的信賴關係。

一對一面談是磨合部屬與公司想法的好機會。結合公司的經營方針與工作目標，傳達給部屬，並在考核時說明評分重點，才能讓部屬更瞭解公司。**人對於深入理解的人或事物，會產生親近感與肯定。只要加深部屬對公司的理解，便可以提升對公司的忠誠度。**

在一對一面談中，向部屬說明公司方針，並建立信賴關係，不僅能降低離職率，還可以讓離職者改變辭職的方法。

再也不會有優秀部屬突然說：「我做到下個月底，請允許我辭職。」這般晴天霹靂的離職預告，被稱為「閃電離職」。當主管與部屬之間的信任感薄弱，部屬暗地裡計畫跳槽，就容易出現這樣的離職宣告。因此，主管突然被部屬告知離職時，容易對自己的管理能力感到灰心。

如果部屬不是突然宣告離職，而是在很久之前就表達辭職意願，主管還有可能不斷溝通以留住人才，就算他真的離職，也有足夠時間調整之後的工作體制。有人離職是不可避免的事，然而執行一對一面談，即使離職，也能好聚好散圓滿落幕。

矽谷企業都用「一對一面談」，建立良好團隊默契

前面已經介紹完一對一面談的優點，以及大多數日本企業至今尚未執行的理由。然而，在世界頂尖企業總部聚集的美國矽谷，從很久以前就開始實施一對一面談。

谷歌每週會舉行三十分鐘至一小時的一對一面談，英特爾（Intel）則是將一對一面談列為組織策略的先驅。英特爾創辦人安迪．葛洛夫（Andrew Stephen Grove）在《葛洛夫給經理人的第一課》（*High Output Management*）一書中提到：「在英特爾，一對一面談是監督者與部屬之間的會議時間，也是維持良好工作關係的重要方法。（中略）恕我寡聞，除了英特爾，幾乎沒看過其他公司把一對一面談列為定期

舉辦的活動。」

或許，正因為美國是由不同人種、宗教、價值觀的人所組成的國家，才會如此重視一對一面談的重要性，而員工容易轉行和跳槽也是其中一個原因。日本強調「以心傳心」的文化，反而讓人忽略溝通的重要性。

自古以來，日本重視心有靈犀和默契，但這些觀念在現代已經發揮不了任何作用。不把話說出口就無法交流，甚至透過對話，也不一定能互相瞭解。在學校及家庭呵護下長大，被稱為寬鬆世代的年輕族群，在達到心有靈犀的境界前，更需要獲得認同。

優秀中堅份子在活絡的轉職市場中非常搶手，加上近年「在工作中發揮所長」的風潮，許多人只要覺得目前的工作不適合自己，就會馬上跳槽，讓離職率節節攀升。**公司如果想要像矽谷企業留住優秀人才，就必須更重視每個員工。**

根據美國蓋洛普民調公司（Gallup Organization）於二〇一六年發表的調查報告，有五〇％以上的人是因為想換個主管而選擇離職。**換句話說，員工不是因為想離開公司，而是為了逃離現在的主管才辭職。**

如果員工在公司中的人際關係，特別是與主管的關係良好，會成為努力工作的強大動力。由此可知，主管與部屬關係已是不容忽視的重要課題。

在日本，頂尖ＩＴ企業雅虎（Yahoo! JAPAN）致力於實踐一對一面談。二〇一二年四月，日本雅虎導入新體制，秉持「讓每位員工發揮才能、綻放熱情」的宗旨，擬定各種策略，並將一對一面談列為人事策略核心的一環。

主管與直屬部屬每週必須舉行一次三十分鐘的面談，讓彼此有單獨談話的機會。這個改革讓部屬萌生「主管會關注我」的想法，同時主管被要求關心部屬，深入瞭解他們的改變及想法。或許有人認為這個方法很耗費時間，但我認為這確實能建立堅固的信賴關係，還可以強化公司的競爭優勢。

〔實踐後的變化與效用〕
主管與部屬的真實感言

接下來，我介紹一對一面談實際參與人員的經驗。以下是我從客戶口中聽到的感想，更加詳細描述實行後的變化及效用。

一對一面談後的主管感言

■ 一對一面談的功用不是「解決問題」，而是「發現問題」

隨著面談次數增加，內容更加多樣化。**剛開始雖然是摸索階段，不過我認為，一對一面談的功能不是解決問題，而是發現問題。**員工像是閒聊般告訴我：「總覺得這件事讓我很不爽」時，我常常會想：「搞不好這就是問題所在。」

雖然被提醒：「一對一面談是部屬專屬的發言時間，主管盡量扮演好傾聽者的角色就行了。」但剛開始實行時，我還是忍不住說太多。為了讓一對一面談對部屬產生良好作用，有時候也要藉助主管的權力拉一把，才能引導出更多的提問。（IT產業．三十世代．男性）

■不要心急、好好溝通，會發現新的一面

實行一對一面談已經半年，我和部屬也終於習慣。第一、二次時，部屬沒有辦法馬上暢所欲言。不過，**耐心交談後，我原本認為沒有上進心的人，竟然擁有熱情的理想**，其實他「這個也想做，那個也想挑戰」，有許多想法。

不要急著看到成效，耐心與部屬溝通，就能發現對方新的一面。當初有人覺得一對一面談佔用他的時間，出席時還擺臉色給我看，但現在很多人都相當期待這個時刻。（金融業．五十世代．男性）

■沒有一對一面談，這些問題永遠無法解決

實行一對一面談後，才發現有這麼多的好處：

- **及時為部屬安排職務調動。**
- **設立原本沒有的教育訓練講師工作，並將想負責人才培育的同事，分配到新成立的培訓部門。**
- **共同分擔同事的問題，與主管一起克服，培養團結意識，讓團隊更有向心力。**

如果沒有定期實行一對一面談，就無法發現缺點，也無法看見被漠視、置之不理的問題。對員工來說，能夠找出問題，並付諸行動去改善，應該是件好事。

（ＩＴ產業．四十世代．男性）

一對一面談後的部屬感言

■很感動主管如此關心自己

平常沒什麼機會和主管交談，不清楚主管在想什麼。可是，嘗試交談後，才發現**原來主管不僅關心我的身體狀況，也很清楚我的工作表現，非常意外主管對我觀察得如此詳細，真的很感動。**

我不是會主動與人攀談的人，但因為有了一對一面談，隨著參與次數的增加，我變得更敢直接說出自己的意見。（金融業・二十世代・女性）

■可遇不可求的機會

公司原本就有內部溝通管道，所以第一次與主管一對一面談時，覺得「到底要聊什麼啊？」但當我試著發言，竟然把平常不敢表達的想法全說部出來，自己也嚇一大跳。

我聊了平常不敢說的團隊事情，而主管對我目前的工作方法給予意見，我覺得這真是可遇不可求的機會。因為多了可以定期交談的機會，現在我不僅平常就思考有沒有想要告訴主管的事，**而且發現自己變得比以前更關心同事。對我而言，一對一面談帶來非常棒的結果。**（人力銀行・三十世代・男性）

■平常敢主動找主管交談

一直以來我只會跟主管聊工作方面的事。因為主管看起來總是很忙，所以我只會在緊要關頭時才找他說話，更覺得主管很難親近，平常不敢隨便找他交談。

可是，自從實行一對一面談後，我更敢與主管聊私事或工作以外的事，也敢先開口聊天或詢問問題。**一對一面談縮短彼此之間的距離，我更敢主動找主管討論要事，工作起來更輕鬆。**對我而言，這樣的變化相當珍貴，今後想提出更多問題與方案。（金融業・二十世代・男性）

■反思工作的最佳時間

一直以來我都會向主管報告工作進度，但嚴格說來，這樣的報告就像單行道，只是我單方面報告而已。可是，自從有了一對一面談，主管會對我提問，也有更多機會可以詳細聊工作。

一對一面談成為我回顧工作的最佳時間。比起從前，我花更多心思考量做事方法。（IT產業．二十世代．男性）

各位有什麼想法呢？是否對一對一面談有更實際的想像？

第一章的重點，在介紹一對一面談可以讓員工及公司有所改變。想讓各位讀者閱讀本章後，產生「與部屬面談是如此重要」的想法，是我首要的目的，也是本書最重要的部分。這是因為一對一面談剛開始時都會很順利，但久而久之，容易沒有話題可聊，甚至讓氣氛變得尷尬。

我的客戶當中，曾有人實施半年後就告訴我：「已經感覺有些厭煩了」，而因此中途停止。不過，當你出現這種念頭時，請回想本章內容，希望可以讓你決定「繼續執行」，並再次付諸行動。

每個人的狀況和時間長短不同，通常再持續三個月至半年，主管與部屬雙方都不再感到厭煩，而會覺得一對一面談不可或缺。下一章，將傳授各位具體實行一對一面談的方法。

重點整理

- 個人的對話時間，是主管傾聽每位部屬對工作、職涯或個人生活的想法和感受。
- 一對一面談的兩個特徵：抽象的交談主題、以同理心聆聽，引導部屬做出決定。
- 當部屬煩惱時沒有可商量的對象，而主管置之不理，就可能提高離職率。
- 今後求職者青睞的公司，是能讓部屬以自己的事為優先，且願意聆聽部屬私事。
- 一對一面談無法落實的理由：忙碌、嫌麻煩、過往經驗的不好印象、不擅長、認為沒必要、從未與主管單獨面談。

• 一對一面談創造的八項成果：建立堅若磐石的信賴關係、讓身心不適的部屬充滿活力投入工作、激發部屬的幹勁、讓部屬對考核毫無怨言、讓優秀人才重拾熱情挑戰工作、讓人才管理從後續處理轉為事前預防、與部屬的討論時間不再冗長耗時、再也沒有員工會閃電離職。

• 矽谷企業的共識：一對一面談是維持良好工作關係的最佳方法。

編輯部整理

第2章

要與部屬建立信賴關係，該聊些什麼？

一對一面談的實踐展開圖，幫你掌握話題與流程

提到一對一面談，許多主管都會面露不解地問：「一對一面談時，到底要聊些什麼？」因為沒做過，過去也沒有被帶著做，難免會不知所措。如果只有一次倒還好，但要持續實行，大部分的人都覺得沒有那麼多話題可聊。請放心，許多主管一開始都是這麼想，但是持續實行後，每個人都樂在其中。第二章及第三章將介紹面談的主題及內容。

一對一面談的主題大致可分為七大類，我將這七大主題製成「一對一面談實踐圖」（如下頁圖）。建議各位先將這張圖記在腦中，一邊想像著這張圖，一邊進行一對一面談。

一對一面談實踐圖
面談的七大主題

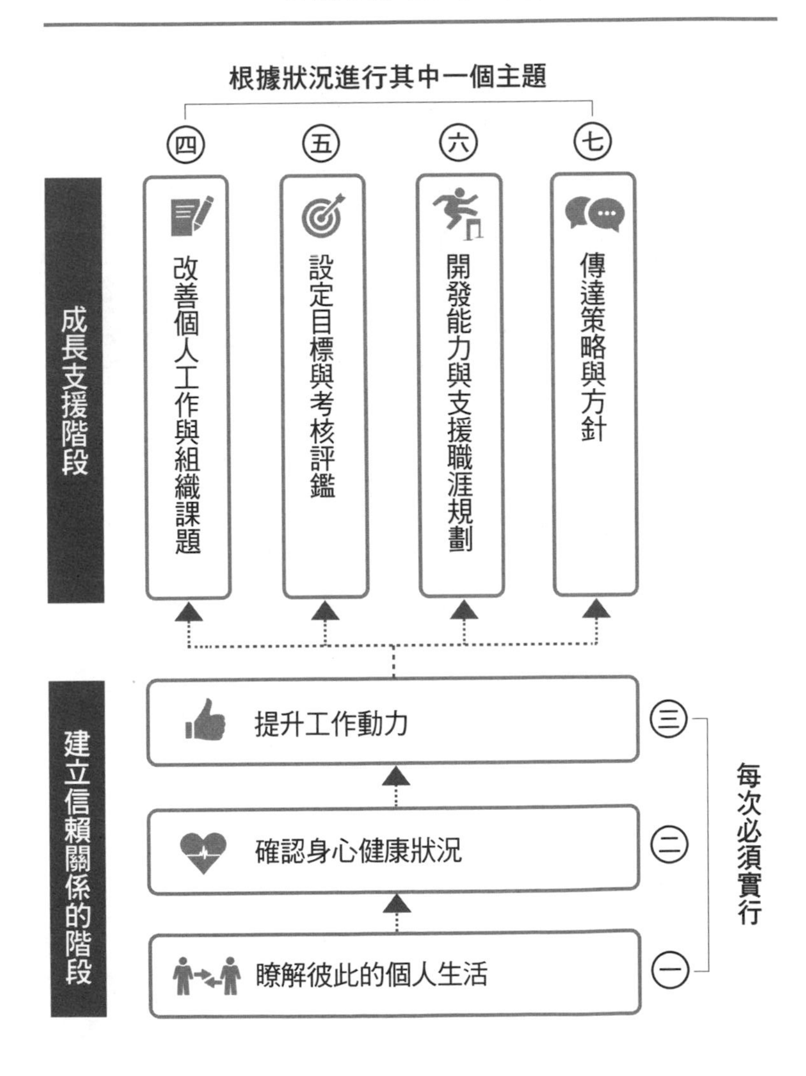

為什麼我們需要這張圖呢？

剛開始時，許多主管常問：「一對一面談應該聊什麼好？」、「應該注意哪些事情？」我的回答如下：

- **可以閒聊，但不能全部都在聊天。**
- **不要詢問工作的詳細進度（如果部屬很想說，可以偶爾為之，但不能每次）。**
- **不需訂定談話的最終目標。不過，請隨時以客觀角度提醒自己：注意目前談話的階段，因此你需要一張非結果導向的藍圖。**

不要只是漫無目的地閒聊，而是在穿插些許雜談的柔和氣氛下，與部屬面談。如果話題始終過於具體嚴肅，對話容易侷限在狹隘的範圍，氣氛也會變僵。

提高話題的抽象性，聊些平常不太會主動提到的抽象內容，並且將焦點擺在中、長期。主管不主動引導話題，而是感受現場氣氛及部屬狀況，站在部屬的立場對談。

根據以上重點，我認為必須準備一張像地圖的資料，將一對一面談時的主題予以分類。優秀主管都會將這張地圖裝進腦袋裡，並以此與部屬對談。

這份地圖的特色是沒有設定明確終點。如果主管在面談前事先決定目的，部屬會覺得發言被刻意引導，而感到乏味無趣。如此一來，不僅無法讓能獨當一面的部屬成長，正在努力獨立的部屬也會感到厭煩，失去幹勁。但如果只是漫無目的地閒聊，反而讓部屬感到不安。

為了避免談話找不到方向，有目的的對話不能過於嚴肅，也不能太過隨興，我將對話內容分為七大主題製作成一份地圖。使用一對一面談實踐圖時，希望各位要先瞭解：有些話題每次都要聊，有些則不是。

這份實踐圖的作用，是讓你在做準備時，先想好這次的主題重點，並且在交談過程中，知道現在正在談論的話題，以及等一下要進行的內容，掌握面談的順序。

這份實踐圖可依照各主題的目的再分為兩類（如下頁圖）。

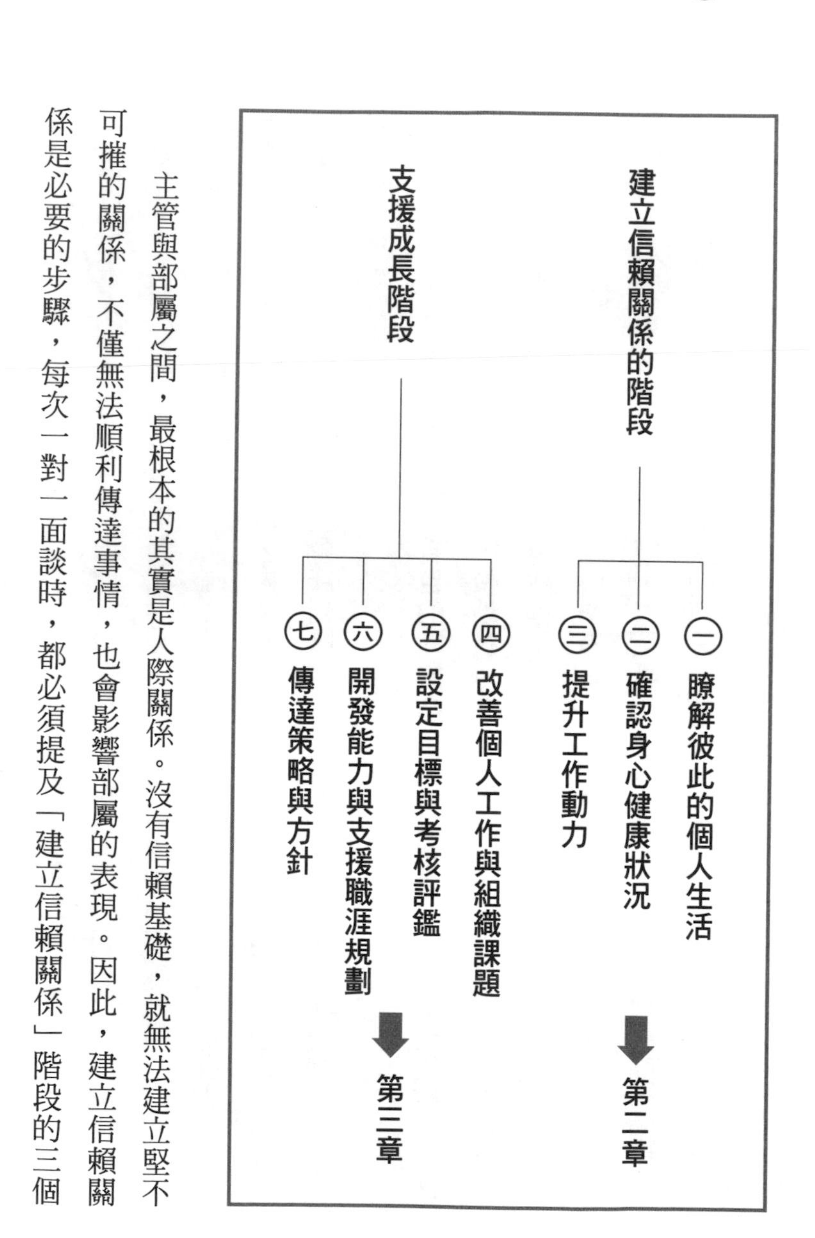

主管與部屬之間，最根本的其實是人際關係。沒有信賴基礎，就無法建立堅不可摧的關係，不僅無法順利傳達事情，也會影響部屬的表現。因此，建立信賴關係是必要的步驟，每次一對一面談時，都必須提及「建立信賴關係」階段的三個主題。

在建立信賴關係的同時，主管還必須幫助部屬成長。部屬成長能提高對組織的貢獻，並且讓團隊發揮最大功效，帶來最豐盛的成果。**善才任用達到組織的最終目的，正是管理大師彼得・杜拉克（Peter Ferdirand Drucker）對管理的定義。**一對一面談的「支援成長」階段，只需視狀況選擇其中一項作為主題。

這兩個階段雖然彼此相互影響，無法完全分開，但可以依照個別主題來分別思考。第二章將介紹建立信賴關係階段談論的主題，第三章則說明協助成長階段的內容。

■主管自我診斷測驗，先確認自己在哪個階段？

※以下情況適用一對一面談及任何場合。

完全達成	10分
有達成	7分

有時達成，有時沒有達成 5分
沒有達成 2分
完全沒有達成 0分

□ 1. 能清楚掌握部屬重要的個人狀況。
□ 2. 能敞開心房，與部屬聊私事。
□ 3. 會隨時關心部屬的身心狀況，並主動問候。
□ 4. 會關心部屬的工作量及加班時數。
□ 5. 會認同、讚賞部屬。
□ 6. 為了提振部屬的動力而予以指正。
□ 7. 當部屬對於工作出現不安或焦慮情緒時，會仔細傾聽並給予建議。

□ 8. 對不太緊急但非常重要的事務，會定期安排場合與部屬討論。
□ 9. 能充分與部屬對談，並擬定適當目標。
□ 10. 考核時給予部屬能認同的回饋。
□ 11. 會與部屬共同回顧工作，並討論從中獲得的學習與成長。
□ 12. 能充分掌握機會，與部屬聊職涯規劃或未來計畫。
□ 13. 會對部屬說明公司及部門的方針、方向等背景。
□ 14. 上級主管會議決定的事項及資訊，會清楚轉達給部屬。

1～7的合計分數　建立信賴關係　分

8～14的合計分數　支援成長　分

確認自己的得分

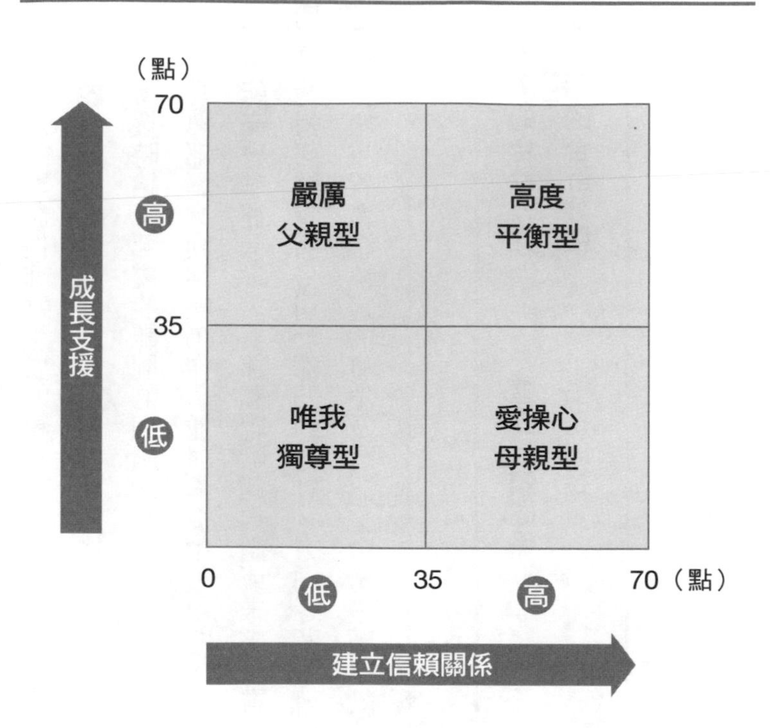

參考前頁的圖表與分數，確認自己比較擅長哪個主題、階段，或是哪方面比較弱。以建立信賴關係為主的三個談話主題如下：

- **瞭解彼此的個人生活。**
- **確認身心健康狀況。**
- **提升工作動力。**

［話題二］瞭解彼此的個人生活

關鍵不是問出什麼事情，而是……

瞭解彼此的個人生活，是閒聊比例偏多的主題，主要是為了緩和氣氛，製造融洽和樂的談話氛圍。在一對一面談剛開始，或者談話中途想緩和氣氛時，正是這個主題登場的最佳時機。

除了公事之外，你多麼瞭解自己的部屬呢？部屬願意將他的私事告訴你嗎？這些事情其實影響彼此的信賴關係。假如在面談剛開始時，詢問部屬：「上星期六做了什麼事？又去釣魚了嗎？」知道對方的興趣，能讓接下來的談話氣氛變得融洽，這表示你重視對方的生活圈，並且予以尊重。

此外，部屬想讓主管知道自己的私事嗎？願意與你分享到什麼程度呢？這些也可以當成部屬對你的信賴指標。當主管可以確實掌握部屬的私人狀況，管理更能得心應手。

擅長管理女性部屬的主管，多數都相當清楚其生活狀況。比起男性，女性其實更容易因為私事而影響工作。不過，詢問過程必須注意避免造成性騷擾或權力霸凌。**重點不是由主管問出事情，而是讓部屬願意主動告訴主管，展現想要建立溝通關係的態度。**

你對部屬工作以外的事知道多少？

為了確認狀況，做一下測驗吧！

■LEVEL 1

□能寫出全名。
□知道家鄉或是出身地。
□知道現在住在哪裡。
□知道有幾位兄弟姊妹或家中排行。
□知道學生時代熱衷的事物。
□知道現在的興趣或熱衷的事物。
□知道週末會做什麼事。
□知道喜歡與討厭的食物。

■LEVEL 2

□知道他的成長過程，例如：孩提時期的事蹟或夢想。
□知道工作以外讓部屬難過傷心的事。
□知道尊敬的人是誰。

□知道未來想做什麼、有何夢想。

□知道讓他充滿幹勁的原因。

□知道他的好朋友或交友關係，例如：學生時代的麻吉、相同興趣嗜好的社團朋友。

□知道工作或私人方面，喜歡與不太擅長相處的人物類型。

■LEVEL 3

□知道公司裡討厭、不擅相處的人是誰。

□知道有何心結。

□知道有何舊疾或不太對人言的身體狀況。

□知道其丈夫、妻子、男朋友或女朋友等另一半的事情。

□知道難以啟齒的家務事。

□不敢對同事說的話，會告訴自己。

21個問題（40分滿分）

LEVEL 1　8個問題 × 1分 = 8分

LEVEL 2　7個問題 × 2分 = 14分

LEVEL 3　6個問題 × 3分 = 18分

你的分數

小計

LEVEL 1　＿＿ × 1 = ＿＿點

LEVEL 2　＿＿ × 2 = ＿＿點

LEVEL 3　＿＿ × 3 = ＿＿點

合計 = ＿＿

總分

40 分：你可能是個跟蹤狂。

35～39 分：深得部屬喜愛與信賴。

31～34 分：非常瞭解彼此，且持續瞭解。

26～30 分：彼此相等地瞭解對方。

21～25 分：瞭解的程度一般。

11～20 分：還差一步，提醒自己多與部屬交談。

6～10 分：你該不會是新上任的主管吧。

0～5 分：請多關心別人。

只要有適當時機，可以藉機詢問部屬這些問題，不過LEVEL 3的問題不需要由你主動開口詢問。只要持續一對一面談，在建立信賴關係的過程中，自然就會知道這些事情。所以，只要**把這些問題當成檢視自己對部屬的瞭解程度，以及信賴關係的指標即可。**

用「自我表白」技巧，讓部屬敞開心房

如果部屬不太願意聊自己的事，應該先努力讓部屬瞭解你。信賴關係是在彼此相互瞭解後才會建立，當你先向部屬敞開心房，才能更深入瞭解他。**想讓部屬暢言心聲，最有效的方法就是先向對方開誠布公，讓對方知道你其實不想說、不想吐露的事情。**

當別人向自己說出秘密，或是只對自己說出心裡話、煩惱、失敗的經驗等，自己也會想敞開心房，縮短與對方的距離，所以，找出適合的私人話題相當重要。

以前我任職公司內有位傳奇業務員，每當他見到客戶，一定會與客戶聊些私

人話題，像是：「我和女朋友交往不順利」等等。如此一來，即使是初次見面的客戶，也能快速拉近彼此之間的距離。

當然，重要的是要視情況說話，在準備告辭或比較放鬆的時間點插入話題，能讓對方感到放心，話題便往下發展。你可以向對方討教：「該怎麼辦才好？」在下次拜訪時，客戶可能主動問起：「你和你女朋友怎麼樣了？」於是，你與客戶的關係就變得更親近。

只要能與客戶建立堅定的關係，即使遇到客訴也能順利解決。在這樣的交談中，是由「相互回報」的心理作用發揮功效。對方把不想說的秘密告訴你，讓你想要回饋對方。

如果你尚未與對方建立信賴關係，就突然說出太過私人的事，對方當然會退縮，所以需要一步步慢慢來。重點是，自己要先敞開心房，說出秘密或深藏已久的心事。

利用「四等級閒聊」，加深信賴感

或許有人會抗拒聊公事以外的事情，也有人會質疑聊天到底有何意義。我認為**閒聊也有等級之分。等級越高，越能瞭解對方，加深信賴感。**對主管而言，能夠根據不同的目的聊天，是必備的技巧。

■等級 1　聊內容（閒話家常）

主管：「你看了週末的新聞嗎？真是令人不安呢。」

部屬：「我也看到了。」

以目前的熱門話題、團隊中發生的事等無關的話題作為開場白，是打破冷場最有效的閒話家常。

■等級 2　詢問內容（部屬自己的事）

主管：「週末做了什麼事嗎？」

部屬：「這個週末整天待在家裡，悠閒度過。」

詢問部屬做了哪些事作為開場，可以讓話題擴大。不過，如果部屬沒有構成話題的梗，氣氛可能會不太熱絡，無法讓一對一面談在美好氣氛下開始。這時需要提出等級3的問題。

■等級 3 詢問心情

主管：「這個週末做了什麼開心的事嗎？」、「做什麼事情會讓你覺得開心？」

試著詢問部屬的心情。通常，人們被詢問到心情時，會根據問題中的情緒回憶，便能在歡樂的氣氛中開始一對一面談。**觸及感情能轉換對方狀況或現場氣氛。**

■等級 4 詢問價值觀

主管：「週末做了什麼開心的事呢？」

部屬：「跟一群朋友去烤肉，我喜歡熱鬧的氣氛。」

主管：「真好，我不常和那麼多人一起聚會玩樂。一群人聚在一起有何迷人之處呢？」

部屬：「我覺得可以跟各式各樣的人聊天，聽到不同想法，獲得新的刺激。」

主管：「原來如此，這能和工作產生連結嗎？」

部屬：「大有關係呢！這樣的交流奠定了我的價值觀。」

透過閒聊得到的訊息：對方喜歡或討厭的事、開心或痛苦的事，正好可以反映其價值觀。如果有機會，提高聊天內容的品質，便能更深入瞭解部屬。

五個訣竅，幫你自然而然開啟話題

然而，閒聊必須力求自然，如果主管事先記下想聊的事，像按表操課般詢問部屬：「好，接下來請告訴我上個週末做了什麼事」，光是想像就覺得滑稽。要讓對話順利進行，在還不習慣的階段，可以先思考如何自然地開啟話題。在此列舉五個重點：

1. 宛若「現在突然」想起來，用以下的辭彙當開場白

「對了」

「順便提一下」

「我突然想到」

「雖然毫無關係」（用隨興提起的語氣最恰當）

2. 先從自己打開話題，再將話題延伸詢問對方

「昨天真冷，我出門買個東西都凍僵了。〇〇昨天做了什麼事？」

3. 不好開口的話題，善用前置詞緩和氣氛

「如果方便的話……。」

「如果已經沒問題就算了，不過……。」

「因為有點擔心才這樣問……。」

4. 收集部屬的零星資訊

「對了，上週末你是不是去參加活動？〇〇有提到你呢。」

5. 掌握目前的變化

「那條領帶很特別呢！」

「你剪了頭髮嗎？」

在一對一面談的開頭閒聊或話家常時，要表現出自然的態度。只要在開始時注意這些重點，接下來就能游刃有餘，形成自己獨特的聊天方法。

製造「百分之百接納」的氣氛，讓他暢所欲言！

與對方聊私事時，氣氛是重點。人的心情會受環境影響，**主管在開始與第一個人執行一對一面談時，需要特別留意：不必要求自己接受部屬的想法。**

為了讓自己理解並接受，主管容易把時間用在自己身上。不過，一對一面談是部屬專屬時間，主管不需要要求自己接受，而是應抱持「同理心」傾聽對方說話。**同理心不是百分百贊成，也不是一味反對，而是接受事實，並且尋找與自己意見相同的部分**。有了同理心，才能創造出可以被一〇〇％接受，能暢所欲言、安心及安全的氣氛。

反過來說，想要持續一對一面談，卻讓部屬對這個場合產生「厭惡感」，將成為致命傷。假如部屬為了讓主管理解並認同自己的想法，每次出席一對一面談都要用理論當武器，抱著說服對方的心情，不僅會緊張，甚至感到厭倦。

同理心會讓對方視你為同伴，說服則是讓對方視你為敵。事實上，我的客戶中，曾出現部屬無法取得主管認同，導致工作無法順利進展的情況。

當家的Y總經理為了讓組織具有同理心，先把自己的部屬H課長叫來談話：「H課長，請你多用同理心與員工共事。不管你希望工作可以準時處理，還是喜歡分析事情，如果彼此不互相體諒，不只難以共事，工作也無法順利推行。當彼此願意互相體諒，交談才會融洽，並激盪出更多的點子。」

同理心會帶來安全感與勇氣。在那之後過了三個月，該公司與過去截然不同，每位成員都充滿活力，營業額也順利成長。同時，一對一面談成為他們組織改革的核心策略，並持續實行。這樣的轉變是從百分之百接受對方的同理心開始。

【話題二】確認身心健康狀況

「**確認身心健康狀況**」的主題，**是檢測部屬的身體和心理狀況，並確認工作量、工作時間是否造成負擔**。一對一面談時，可以每次選擇不同的主題，但務必每次都確認這個主題。掌握健康狀況的時機很重要，萬一沒能及時察覺健康惡化，恐怕會造成無法挽救的局面。

對管理者來說，這是非常重要的事。知道部屬正在處理哪項工作，**與掌握部屬以何種狀態工作同等重要，因為這與工作成果息息相關，都是管理者必盡的職責**。

具體來說，必須確認的事項有以下兩項。

從睡眠問題開始瞭解身心狀況

- 睡眠品質不良。
- 容易早起。
- 容易疲倦、全身無力。

這些都是心理狀態不佳的初期徵兆。意外的是，許多人都有這些狀況。根據日本厚生勞動省（相當於我國衛服部）二〇一四年的《國民健康與營養調查報告》，無法獲得充足睡眠與休息時間的人數占二〇％，也就是說，日本成年人有二〇％的人為慢性失眠所苦。

如果你的部屬有這些困擾，請稍微深入探究原因。你可以詢問他是否在服藥？如果後續仍然讓人擔心，請採取以下措施：

- 此次先觀察情況，下次必須確認身體狀況的變化。

- 不露痕跡地勸導部屬，尋求人事部或適當部門的諮商輔導。
- 試著勸導部屬去醫院檢查。（若公司有相關配套措施，請遵守公司的規定。）

主　管：「最近早晚溫差大，身體和精神狀況都還好吧？有沒有好好睡覺？」

A部屬：「沒問題，睡得好。」↓OK

B部屬：「睡得不太好，不過從以前就這樣，所以沒問題。身體也沒問題。」↓OK

C部屬：「最近睡得不太好。身體也覺得有點疲倦。」

主　管：「你說最近，是從什麼時候開始的？」

「有去醫院檢查嗎？」

「有吃什麼藥嗎？」

確認工作量是否造成負擔

- 經常加班，確認工作量是否過多？
- 總是提早下班，確認負責的工作量是否適當？

如果部屬經常加班或工作量太多，陷入無法自行解決的窘況時，可以另外安排時間，與部屬一起列出工作清單，找出更有效率的工作方法，並且擬定優先順序，區分必須做或不需要處理的工作。

對話範例

主　管：「最近工作量和下班時間有沒有任何問題？」
A部屬：「沒問題。」↓**OK**
B部屬：「最近經常加班，只能搭最後一班電車回家，現在的工作很棘手，非常辛苦。」↓**若只是暫時的忙碌，基本上沒有太大問**

題。如果部屬無法自己掌控時間，最好另外找時間協助調整工作量。

我的客戶當中，有人使用笑臉圖案，記錄部屬的身體和精神狀態，再依照時間分析，找出心理或生理失調的原因。每次一對一面談時，身心健康狀況的部分都需要定期觀察和確認。

參考記號

- **超級笑臉圖案** → 非常好
- **一般笑臉圖案**  → 好
- **倦臉圖案**  → 累了
- **哭臉圖案** → 難受、不安
- **怒臉圖案** → 焦躁

第四章將介紹一對一面談實踐表，使用這些圖案記錄部屬身心狀況，是非常有效的方法。此外，本書範例集也附有確認身心健康狀況的提問。

[話題三] 提升工作的動力

主管不能只彰顯職權，數落部屬的不是

實施一對一面談的成效之一，是提升部屬的工作動力。如果每次一對一面談總是讓部屬一臉憂鬱，就不該繼續實施。最糟糕的一對一面談，是主管只顧彰顯自己的身分職權，數落部屬的不是，於是能提振的只有自己的動力而已。主管的工作是協助部屬提升工作表現，為團隊創造良好的成效。「提升動力」有兩種面向：

1. 負面能量最小化：消除降低動力的原因

2. 正面能量最大化：強化提升動力的要素

傾聽部屬的焦慮不安，能消滅負能量

- 該做的事：傾聽。
- 主題：莫名的不安（私人、職涯、工作內容等問題）。
- 例句：「公事或私事方面，有什麼讓你感到不安的事情嗎？」

要將負面能量最小化，主管首先該做的是傾聽部屬的想法。為什麼傾聽能提升動力呢？

如果沒有傾聽部屬的想法，會造成兩個影響：第一，人們陷入負面思考時，會失去活力，身體也變得倦怠。第二，負面情緒會剝奪時間，讓人無法集中精神。

莫名的不安感或沒來由的焦慮找不到出口，會在腦海中不斷盤旋。即使可以暫時忘記，但仍會不斷想起，令人無法擺脫焦慮情緒。

舉例來說，「前陣子在酒席上和前輩頂嘴，不知道是否前輩還在為這件事生氣？可是，都已經過一段時間了，我想應該已經消氣了吧。

「不過，前輩看起來像是會記仇的人，他的表情和想法根本不一致。但那天是在酒席上，而且又是前輩，應該會原諒我吧……。」

這樣的想法會在腦中不斷地打轉。心理學將這種內心對話，稱為「心靈對話」（Mind Talk）。

心靈對話的特徵是：不會對人傾訴，而且一直在心裡打轉、重複出現。

適時地清空這些想法，是非常重要的

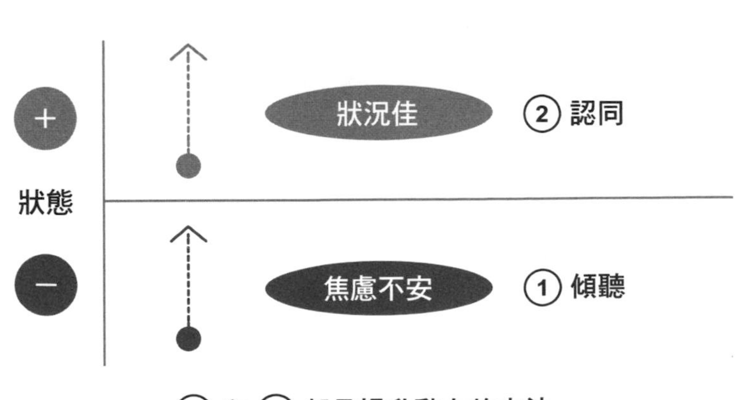

事。要讓部屬說出心裡的想法，主管要懂得傾聽。只要願意傾聽，部屬便覺得：「能把想法全部說出來，感覺好輕鬆。」

如果部屬只是表面被說服，實際上沒有說出心裡所有的想法，反而誤以為自己已經接受事實，這樣半調子的狀態會讓部屬心裡持續產生糾結。

前面也提到，主管不應該以說服的態度執行一對一面談，而是要具有同理心，徹底扮演傾聽者的角色。**傾聽可以讓部屬吐出內心的焦慮不安，並且徹底排除。**部屬對主管的信賴程度，會因為給予建議而下降，因為完全傾聽而上升。

稱讚讓人充滿正能量，最高明的方法是什麼？

- 該做的事：稱讚、認同。
- 主題：部屬產生改變的言行舉止或良好行為。
- 例句：「之前的會議流程安排得很好。」

■每次尋找值得稱讚的事

想讓一個人充滿熱情與幹勁，要屬「稱讚」最有效。首先，希望各位在每次一對一面談時，都能告訴部屬這段期間的優良表現或工作成績，並給予稱讚，就算只是一件小事也沒關係。

「那次的發言真棒」、「上次說的你確實做到，真棒」，**像在臉書按讚一樣，自然地出口稱讚。大部分的主管容易忽視這件事，其實稱讚會成為一生中最重要、最有效的管理技巧。**

■稱讚與認同的差異

每當我在研習課程中對主管說：「請稱讚你的部屬」，總有人會覺得肉麻噁心，而有所抗拒。平常越不會主動稱讚的人，排斥感越強烈。因此，我通常接著說：「不稱讚也沒關係，請認同你的部屬。」每個學員聽到這句話，都露出茫然的表情，稱讚與認同有什麼區別呢？

所謂稱讚，好比「你對待客戶很細心，非常好」、「你總是迅速報告，非常好」等**讚美，是說話者給對方的評價或意見。**如果說話者本身不是真的這麼想，當然會難以啟齒。同時，當被稱讚者不這麼認為，也會難以坦然接受。

但所謂認同，像是：「你堅持到最後」、「你總是第一個接電話」等，**是認可事實並直接傳達給對方知道。**說話者只是傳達客觀事實，而不是謊言，所以更容易開口。對方也會因為是事實而更容易接受，讓溝通更圓融。

簡單地說，「你剪了頭髮」是認同，「你剪了頭髮好可愛，很適合你」是稱讚。兩者之間的差異，是事實與主觀的不同。

認同還可以用於一對一面談的破冰階段，聊到工作相關的內容時，主管可以突然切入：「聽說你在那項工作的風評很好」，確實認同對方，再搭配稱讚，會有更棒的效果。

■ 讓人開心無比的最高明稱讚法

人們只要被稱讚或認同時，都會覺得開心。當然，如果稱讚沒有抓到重點，對方可能無法坦然接受，但在大多數的情況，對方都會接受你的好意。稱讚就像潤滑劑，讓一對一面談更圓融順暢，也能緩和氣氛。所以，你可以事先備妥稱讚的話題。

那麼，該如何準備？你應該先張大雙眼，找出值得稱讚的地方，同時聽聽別人如何稱讚這個人。你可以做筆記以免忘記。

例如：你可以向A部屬工作相關的其他部門，收集關於他的資訊。詢問其他部門的人：「最近我們部門的A表現如何？有沒有幫到你們的忙？」如果對方回應：「最近他幫忙深入解析問題的癥結點，讓我們不再做白工，幫了很大的忙」等，就可以累積這些資訊，在之後的面談派上用場。重要的是，你主動提問，才能得到想要的答案。

除了事前準備之外，我推薦一個可在一對一面談中收集資訊的方法，除了能讓你找到部屬值得稱讚的地方，還有許多附加效果。你可以詢問部屬A：「你覺得最近我們團隊中誰很棒？」

當你這麼問，便使部屬A把視野拓展至他人，同時產生教育效果。部屬A或許會說：「B最近狀況很好。前幾天拜託他做的專案，做得比我想像得還要完美，真的幫了很大的忙。」連帶使部屬A產生感謝的心情，讓他的狀態變好。正向心理學的各種研究證實，人類在產生感恩之情時，幸福感會明顯提高，呈現良好的心理狀態。

當與部屬B一對一面談時，你可以轉述部屬A的話，也能提高部屬B的動力。這種**「間接稱讚方式（部屬A稱讚部屬B）」是最高明的稱讚法**，比起直接稱讚當事人，更令人開心（如下頁圖）。

部屬B會覺得：「原來他私底下把我想得這麼好」，而對部屬A產生好印象，同時因為主管告訴自己這個消息，也會對主管產生好感。想到自己的優點在檯面下被傳開，更覺得開心。結果，能為相關的人帶來正面影響，並且擴展至整個部門。

有些人覺得說出自己的優點像在自誇，而產生抗拒，如果是讚揚別人，反而願意侃侃而談。心理學認為，經常說別人的好話，也會給人「自己是好人」的印象。因此，向部屬詢問別人的優點，可以得到更多話題。

同時，當部屬A說出部屬B值得稱讚的具體事件時，原本不受重視的行動就成為焦點，而這些值得讚許的言行或事件，也會被組織視為模範。

例如：「和B聊工作上的事，他一定把問題點寫下來，並以淺顯易懂的方式與大家分享。這麼做非常有幫助。」

把具體案例告訴別人，不只會讓大家記得其他同事的優良表現，還能讓主管透過這個機會指出組織的方針。

善用一對一面談，一顆種子能結出十個、甚至二十個豐盛果實。因此，請把「你覺得最近我們團隊中誰很棒？」當成你的口頭禪。

最高明稱讚法 ＝ 間接稱讚

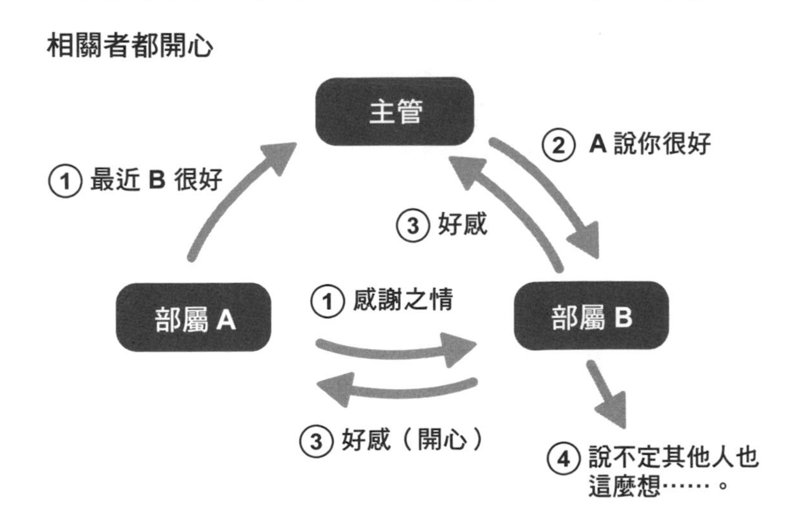

重點整理

- 將一對一面談實踐圖放在腦中，掌握面談進度。
- 瞭解彼此的個人生活，可以緩和氣氛，製造融洽的氛圍，同時建立信賴關係。
- 先對部屬敞開心房，縮短彼此的距離。
- 從閒聊中獲得的訊息，可以反映部屬的價值觀。
- 以同理心傾聽部屬心聲，才能讓對方百分之百接納。
- 掌握部屬的身心狀況和工作量，是主管必盡的職責。
- 傾聽、讚美和認同，是提升動力的最佳方法。
- 間接稱讚是最高明的稱讚技巧，也是建立團隊模範的最佳方法。

編輯部整理

NOTE

第3章

要幫助部屬成長，該談些什麼？

除了教導工作SOP，更要促使部屬自我進化

要讓一對一面談發揮效用，主管必須先與部屬建立信賴關係，奠定根基，同時透過一對一面談「幫助部屬成長」。主管的職責是協助部屬提升能力，讓他能夠持續拿出好成績。**重點不在於協助部屬工作，而是幫助他成長。**

提到幫助部屬成長，通常會想到「在職訓練（OJT）」。在職訓練主要是教導工作內容，讓員工習慣工作的SOP。員工可以從實際操作中漸漸學會工作方法，不再需要在工作中花費時間另行教導。因此，大多數公司已經不太進行在職訓練，而是只教最基本的部分，其他重要部分由員工自己思考如何做。

換句話說，現在多數企業實施的員工教育，只教導基本的工作內容，幾乎不太

觸及工作流程中的注意事項或學習重點，因為這些部分無法在短期內創造成果。**但是，如果希望培育出獨當一面完成工作、不斷自我改善，持續創造中長期成果的人才，一定要在這個部分投入許多時間**，這才是真正的管理，而一對一面談能幫助你達成這個目標。

接下來將介紹一對一面談實踐圖中，能幫助員工成長的四項主題。

- 改善個人工作與組織課題。
- 設定目標與考核評鑑。
- 開發能力與支援職涯規劃。
- 傳達策略與方針。

〔話題四〕改善個人工作與組織課題

曾有主管對我說：「當部屬對工作內容感到不安時，會馬上找我商量，我與部屬平時就頻繁地溝通，所以根本不需要實行一對一面談。」

於是我問他：「你跟部屬平日都聊些什麼？」

對方回答：「通常是部屬自己無法決定的事，如果還有不懂的地方或工作進展不順時，也會找我。」

許多主管都會這樣回答。請看下頁眾所皆知的「急迫性與重要性矩陣圖」。

當部屬無法自己做決定，或有不懂的事，導致工作無法進展時，對部屬而言是處於急迫性和重要性皆高的A領域。

部屬會問主管：「可以借用您一點時間嗎？」向主管報告工作或商量對策。但如果是期限未定、重要卻不急迫的B領域事務，通常部屬不會主動找主管報告和商量。

例如：擬定團隊內部共享資訊的方法、建立資訊共享的系統等，就屬於B領域。

多數主管嚷著好忙，並猶豫是否要實施一對一面談，主要是因為A領域、或者C領域的事務過多。如果先從B領域著手，儘管剛開始會非常忙碌，但是卻能夠減少急迫性及重要性皆高的A領

急迫性與重要性矩陣圖

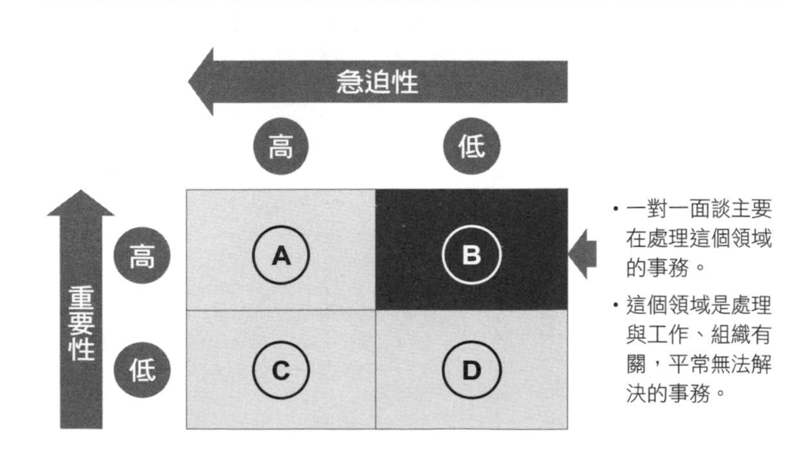

域事務，讓工作按照計畫進行。

主管與部屬的對話，也屬於急迫性低，但重要性高的B領域事務。也就是說，**一對一面談中不會確認具體數字或專案進度等，必須立刻有成果的事情**。在這個前提下，「改善個人工作與組織課題」的主題是針對以下兩點討論：

1. 個人工作的改善：掌握現階段的工作狀況、改善現階段的工作狀況

2. 組織的改善：對組織的貢獻

這幾點可以讓部屬設想未來可能會發生的風險，也會促使部屬想出辦法，讓工作更有效率。拓展部屬的視野，雖然無法立刻呈現工作成果，但要持續拿出中長期成果，這是必要的過程。因此，接下來會介紹具體的問題案例，並分析其背後的目的。

十四個提問的範例與目的

■ 掌握現階段的工作狀況

「請告訴我現在的工作重點」

（用於掌握工作內容。當主管能掌握部屬的業務重點時，只要確認部屬是否有掌握到重點，就能知道部屬對工作的熟悉度及能力。）

「客戶的承辦人是什麼樣的人？」（瞭解與現在業務相關的人士）

（瞭解部屬如何看待工作相關人士，能否以客觀的角度看待優點與缺點？）

「儘管目前事情進展順利，但萬一將來發生問題，你認為可能是哪個部分？」

（能否預測未來的風險，並思考解決方案？）

「如果要向你認識的人說明現在的工作內容，你會怎麼介紹呢？」

（確認部屬以何種觀點看待目前的工作。只說明工作內容，還是連工作意義都能清楚掌握？）

「工作上有沒有什麼想提出的要求？例如希望主管更加倚重自己之類。」

■ 改善現階段的工作狀況

「目前的工作有沒有任何困擾的地方？」

（從短期的角度確認問題。）

「目前整體工作內容有什麼困難的地方？有比預期困難的部分嗎？」

（讓部屬察覺耗費時間或勞力的部分，並確認是否需要給予建議。）

「對於現在的工作，有沒有什麼方法讓進度更快、成果更準確呢？」

（驗證能夠提升產能的方法。讓部屬從能力、個性、外在資源等方向思考，找出可行的方法，同時確認部屬對問題的察覺力。）

「現在的工作內容，有沒有什麼事情是希望身為主管的我能做的？」

（例如：希望更委以重任或給予建議等。）

■ 對組織的貢獻

「你認為目前團隊的優點及問題為何？」

（確認部屬是否能夠超越自我，以更寬廣的視野看待事物？）

「為了讓團隊更好，你覺得你能怎麼做？」

（讓部屬具備當事人意識。）

「就你的觀點來看，現在團隊成員是否都能發揮他們的實力？」
（確認部屬對整個團隊或個別成員的看法。）

「最近有沒有覺得誰狀況很好？或有哪些人的狀況讓你擔心？」
（詢問成員的工作狀態，作為考核評鑑時的參考，也能間接稱讚對方，讓整個組織的氣氛變好。如上一章所述，間接被稱讚是最讓人開心的事，同時也能問出需要關心的成員。）

「我目前正在思考部門的策略方針，可以跟你商量一下嗎？」
（可以提高部屬的眼界。尤其可以詢問優秀的部屬。）

試著詢問部屬這些問題，深入瞭解他的想法。

別說「你不懂啦」，而要說「能不能告訴我？」

詢問這些問題時，請務必留意：主管應該「盡全力」不給予部屬建議。在談論工作相關主題時，常會出現以下情景。

主管：「最近在工作上，有沒有遇到什麼難題？」

部屬：「我把工作交辦給自己的部屬時，希望他可以養成主動思考的習慣，所以我故意沒有說明細節。其實說難聽一點，等於把工作全部丟給他，要他獨自完成。」

主管：「原來如此。」

部屬：「結果他竟然對我說：『沒有先整理好就交給我，會造成我的困擾。』但我希望讓他自己思考如何整理工作。這中間的拿捏真的很困難。」

主管：「你應該要先整理好再交給部屬，工作的難易度要配合部屬的能力，才是正確的作法。」

部屬：「您說得對……。」

主管心裡已經有答案，並且說出結論，部屬聽了也只能說「您說得對」，滿腔熱情被澆了冷水，氣氛也變得尷尬。這時候主管看到部屬難以接受的表情，會覺得「還是不懂嗎？」於是再度重申相同的話，部屬的熱情可能會降到冰點。

這個案例的基本前提條件，是主管心裡已有想法，但部屬還沒有找出解答。部屬表示自己很煩惱，容易讓人以為他沒有任何想法或答案。其實，這種情況的答案不只一個。主管的職責是讓部屬自己思考，因此要試著將「你不懂啦」的態度，改為「可不可以告訴我你現在的想法？」

OK對話範例

主管：「最近在工作上，有沒有遇到什麼難題？」

部屬：「我把工作交辦給自己的部屬時，希望他可以養成主動思考的習慣，所以我故意沒有說明細節。其實說難聽一點，等於把工作全部丟給他，要他獨自完成。」

主管：「原來如此。」

部屬：「結果他竟然對我說：『沒有先整理好就交給我，會造成我的困擾。』但我希望讓他自己思考如何整理工作。這中間的拿捏真的很困難。」

主管：「原來是這樣，確實如你所言。你再重新想想，你希望那位部屬怎麼做？」

部屬：「我希望他能夠自己思考該怎麼做。」

主管：「那麼，為了達成你的期待，你覺得下次要怎麼做才好呢？」

部屬：「我想我可以先稍做整理，再把工作交給部屬。」

主管：「還有其他方法嗎？該如何才能讓你跟他都能接受？」
部屬：「我會試著跟他溝通，把我認為重要的事情告訴他。」
主管：「這個方法聽起來不錯。」

主管不直接給予任何建議，而是先詢問部屬的想法，讓他主動說出自己的答案。讓部屬具備當事人意識，也能提升部屬動力。

一般來說，主管知道部屬的狀況或工作內容後，往往傾向於立即給予建議。試著先不說出建議，相信部屬有自己的想法與辦法，並且詢問：「能不能告訴我你的想法呢？」讓問題發揮引導的功能。

〔話題五〕設定目標與考核評鑑

不要指點部屬「正確作法」，要說他「認同」的話

日本企業將主管與部屬之間的單獨會議稱為「面談」。面談的類型，除了一般的「目標設定」、「考核評鑑」兩種之外，還有「職能開發」、「確認工作進度」等。多數企業實施的面談，是以目標設定與考核評鑑為主。

考核是一項非常繁重、讓每位主管頭疼的任務，但只要搭配一對一面談，主管就能更有信心地評鑑部屬。

其實，**考核最重要的並非正確給予評分，而是被評價者的接受度。**就算主管是照規定評分，如果部屬無法接受，考核就毫無意義。主管的工作不是對部屬百分之百正確評分，而是給予部屬能夠接受的評價，並且協助他成長。部屬如果能夠認同考核結果，便能接受自己的問題，持續成長。同樣地，如果部屬能夠接受主管設定的目標，他才會努力朝著目標前進。

主管在過去具有絕對的權威，就算給很低的考核分數，甚至不用說明原因，即使讓人覺得：「這是什麼爛分數，我才沒有你說得那麼糟糕」，還是有不少人會為了讓主管刮目相看而發奮圖強。

但是，現在的年輕人無法接受不合理的事，只要眼前的狀況無法讓他接受，就無法繼續前進。若想讓部屬進一步成長，必須先讓他獲得認同感。

因此，**平時就要頻繁地與部屬一對一面談，增加實質的接觸頻率，在達成目標的過程中，給予回饋和認同**，並傾聽部屬的心聲。如果主管沒有傾聽部屬的內心想法，並理解他們個人的狀況，部屬就不會產生「主管在關注我」的感覺。如此一來，就算是照規定給予評分，主管越覺得自己的評分合理，部屬越無法認同。

同理，要將目標設定從「正確」轉為「部屬能夠接受」的方向，一對一面談是不可或缺的過程。設定目標時，最重要的是讓部屬認同組織或部門的整體方針。

要讓部屬認同整體目標，不是只靠一次傾聽就能達成效果，而要在平時透過一對一面談，花時間讓部屬瞭解公司、部門的整體營運方向。如果只在目標設定的面談時提及組織方向，將難以強化接受度，無法獲得部屬認同。

想提高認同感，得用「MGC目標設定法」

有效設定目標有好幾種方法，但我開發的「MGC（MUST-GET-CAN）目標設定法」，可以統合員工個人的未來目標及公司未來的發展方向，同時產生認同感與成就感。

■MUST

MUST是指公司必須達成的目標。當部屬無法將自己的目標，與公司根據經營方向分配的目標連結時，主管必須針對MUST事項做以下兩件事：

一、**仔細說明**

針對為什麼選定這個目標的「WHY」加以解釋。如果能詳細說明組織背景，就能讓部屬產生共鳴，他也不會有被迫接受的感覺。因此，清楚解釋與積極對話是必要的。舉例來說，主管說明目標的開場白可以用：

「為什麼是這個目標呢？從背景來看……。」

「如果要更具體說明這個目標的內容……。」

二、**具體化**

具體說明目標是什麼？為什麼要設定這個目標？針對「WHAT」加以說明。人的大腦無法想像模糊的事物，因此若設定的目標太過抽象，會降低實現的可能性。**只要能夠具體想像目標，達成的機會就會提升**。舉例來說，你告訴大家目標是「提升部屬成長力」，但大家難以想像具體情況，而且想法會因人而異。

有人認為是主管把工作技巧傳授給部屬，而有人則覺得，應該是讓部屬自己思考什麼是必要的技能。組織整體和主管要求的目標不一致，達成率就會降低。因此，應該具體列出要做的事項。例如：主管可以將「提升部屬成長力」改為「讓部屬A、部屬B以各自的方法達成目標」、「一個月有兩次以上陪同部屬拜訪客戶」等具體說明。

一旦目標的達成基準具體明確，便能提升實現的可能性。

■GET

GET是指部屬可以透過目標得到的收穫，也是對目標產生認同感的基本因素。**認同目標是最重要的事情，因為認同感可以激發出對目標的幹勁與承諾**。然而，認同感並非單純的理解，而是要產生「這個目標對我有必要」的認知，以及更深入的共鳴。

產生認同感有兩個方法：第一個是想像自己達成目標後，在工作上或人生中能得到的收穫；第二個則是設想當目標達成後，對組織或團隊成員帶來的成果。

透過這兩種想像，能讓部屬更深刻體會達成目標的意涵或價值。反過來說，試著讓部屬想像如果無法達成目標，就無法得到的事物或可能失去的東西，也可以促使部屬成長。提問範例如下：

「達成這個目標可以帶給你什麼收穫？」（讓對方徹底思考，才能有實感）

「如果沒有達成這個目標，你可能會失去什麼？」（能夠具體感受的程度）

「做這件事的好處是什麼？」

「達成目標後，會為周圍的人帶來什麼影響呢？」

目標：提高二五%的營收

主管：「如果達成這個目標，可以帶給你什麼收穫？」

部屬：「目前還沒有人達成這個目標，如果能夠確實達成，便能獲得更多的自信。而且整個部門也是第一次達到這個目標，大家也會非常開心，往後在工作上會更得心應手。」

■CAN

CAN是指能夠成功達成目標的感覺。目標愈高，周遭評價將會越高，也能為自己帶來信心，但是不切實際的目標反而會讓人失去幹勁。並不是不能擬定高難度的目標，重點在於要讓部屬能夠隱約看到達成的方法，覺得：「這件事好像可以達成，不妨挑戰看看」。要讓部屬產生這樣的想法，主管必須協助部屬找出並確認所有能夠幫助達成的資源。主管可以這樣提問：

「為了達成這個目標，有沒有可以運用的資源？」
「為了達成這個目標，你有什麼提升效率的辦法？」
「有什麼東西可以幫你達成目標？」

「有沒有可外包的工作？」
「有沒有可系統化的作業？」
「有沒有處理順序較低、可以不做的工作？」

在MUST階段釐清背景，將目標具體化，在GET階段讓部屬把工作目標當作自己的事情，在CAN階段，若能找出協助完成的資源，就能幫助他全心全意朝目標前進。主管若能在一對一面談時，利用這三階段引導出部屬的想法，便能成功為部屬設定目標。

考核時不能拘泥條文，要懂得活用制度

身為考核者的主管要能夠活用考核制度，而不是只照著制度填寫完評價，因為考核制度不可能涵蓋可作為評鑑的所有標準。那麼，只要有一本包含所有評鑑標準、詳細且精緻的手冊，是不是就沒問題了呢？考核內容越詳細，實際使用時越無

法融會貫通、隨機應變，因此這個想法仍然不正確。

假設讓主管具體寫出某位部屬升職所需的所有條件，當中須涵蓋各種行為與能力，例如：

- 可以獨立完成主要負責的業務。
- 具備發現問題的能力。
- 能夠培育部屬。

就算盡全力，也不可能把條件一網打盡。換個角度思考，如果只照著明定的能力或行動規範做事，部屬會覺得：「我只要學會這些就好了，沒有規範的部分便不主動執行。」**因此，主管不該依賴考核制度，而是加以活用，補充想要傳遞的訊息**。如果能再向部屬說明考核制度的核心思想及成立背景，更能取得部屬的認同。

對話範例

主管：「我看了今年上半年你的成果及表現，營業預算方面達成一一〇%。在表現方面，有兩點做得很好：找到新的重要客戶，以及與老客戶的負責人建立信賴關係。在個人業績方面的表現無可挑剔，接下來，希望你能積極分享成功案例給所有部門成員。

「還有，在會議上的發言，不要只針對自己的專案，也請對其他人的提問發表個人意見或提出建議，這是能讓你進一步成長的重點。人事考核制度中，升職條件的其中一項重要指標，是『讓個人成果最大化，同時讓部門的成果最大化』，指的就是這個。請盡量朝這方面努力。」

用自己的方式整理考核制度的內容，並且補充案例，再告知部屬。活用制度，就能讓部屬認同與理解。

主管：「公司的考核制度也相當重視能力，並不是只要做出成果就能全部過關。公司希望各位也具備達成中長期目標的能力。

「其實，以前有段時間考核只看結果，但專案結果容易受環境影響，讓考核的標準變得混亂，所以，現在的標準是『能力』與『結果』各佔一半。能力並非單指原本就具備的技能或知識，而是能夠將知識和技能化為行動，才稱得上是真正的能力，因此更該重視具體的行動。期待你可以做出值得分享的案例。」

要能夠善用考核制度，你必須先理解其架構及設立的過程。如果你也不知道制度的設立原因，現在正是你瞭解它的絕佳機會。**試著向上層主管、人事部或董事詢問成立背景，任何企業會設立人事考核制度，一定有故事背景。**你自己又瞭解多少呢？在利用一對一面談評鑑部屬前，先來做以下的測驗吧。

考核前有五個檢查事項，除了4W1H還有……

□（Who、Where）考核是由誰、在何處進行？
- 能夠正確說明考核流程。

□（Why）為何是這種考核制度？
- 能夠說明考核制度的思維及想法。

□（What）要考核「什麼」？
- 能夠舉例說明對能力的定義。例如：目標成果或工作能力。

□（How）如何能夠加薪、升職？
- 能夠說明升職的條件定義及具體事例。

□ 關於薪資與考核的關係
- 能夠說明考核結果如何反應在薪資額度。
- 能夠說明考核以外，有哪些全勤獎金等額外的加給或獎金。

可口可樂、Google 都用一對一面談，取代年度考核

網際網路普及後，商場的環境變化過於激烈與迅速，漸漸出現無法設定目標的窘境。例如：難以設立半年期這類的長時間目標，或是各個部門無法統一專案結束的時間，也無法在特定期間內完整收尾。

因此，並非一定要以半年或一年做回顧，而是應該細分目標進度，並針對行動給予回饋，提高部屬對考核的認同感。這不再只是矽谷或日本等全球ＩＴ產業才需要關注的事情。

奇異公司（General Electric）在這幾年採用「績效發展」（Performance Development）的制度，廢除過去一年一次的人事考核。奇異能夠將制度目的從「人事考核」，轉換為「開發員工的能力」，一對一面談發揮了相當大的成效。

可口可樂公司（Coca-Cola）也廢除年度考核制度，實施名為「績效提升」（Performnce Enablement）的一對一面談，規定主管與部屬至少一個月面談一次。

其他包括微軟（Microsoft）、埃森哲（Accenture）管理諮詢公司在內，廢除年度考核制度的公司正逐年增加。

採用一對一面談，主管不再需要將冗長的評論輸入系統，部屬也能在最短時間，得知自己的工作對組織有什麼貢獻。越來越多企業的人事策略，將重點擺在員工的表現過程，每次的一對一面談，也包含某種程度的評價更新。隨著一對一面談的普及，過去的考核面談終將消聲匿跡，一對一面談的重要性今後將逐步提升。

〔話題六〕開發能力與支援職涯規劃

「開發能力與支援職涯規劃」的主題，是透過工作培養部屬的察覺力，協助開發個人的能力及職涯規劃。

人能夠透過工作成長，利用實際的工作經驗培訓部屬，稱為「體驗學習」，這種方式現在相當受到重視。體驗式學習大師大衛．庫伯（David Kolb），將人類體驗學習的循環過程稱為「體驗學習模式」，並且大力提倡。

體驗學習的循環過程，是由「具體經驗、反思觀察、概念化、主動實踐」四階段組成。以下列舉具體例子：

①身體經驗（包含間接經驗）

簡報時吞吞吐吐，語意不清。

②反思觀察（回顧反省）

明明沒有記在腦中，卻以為自己已經懂了。

③抽象概念化（教誨、學習）

沒有練習到不看簡報內容也能說明的程度，就無法在大家面前發表。

④主動實踐

在明天的朝會時，先試著依據這三個重點發言。

人不斷重複這個循環並且在學習中成長。一對一面談時，主管要協助部屬引導出②、③、④階段。當循環啟動後，就會明白**失敗是學習過程中非常重要的機會**。

庫伯的經驗學習模式

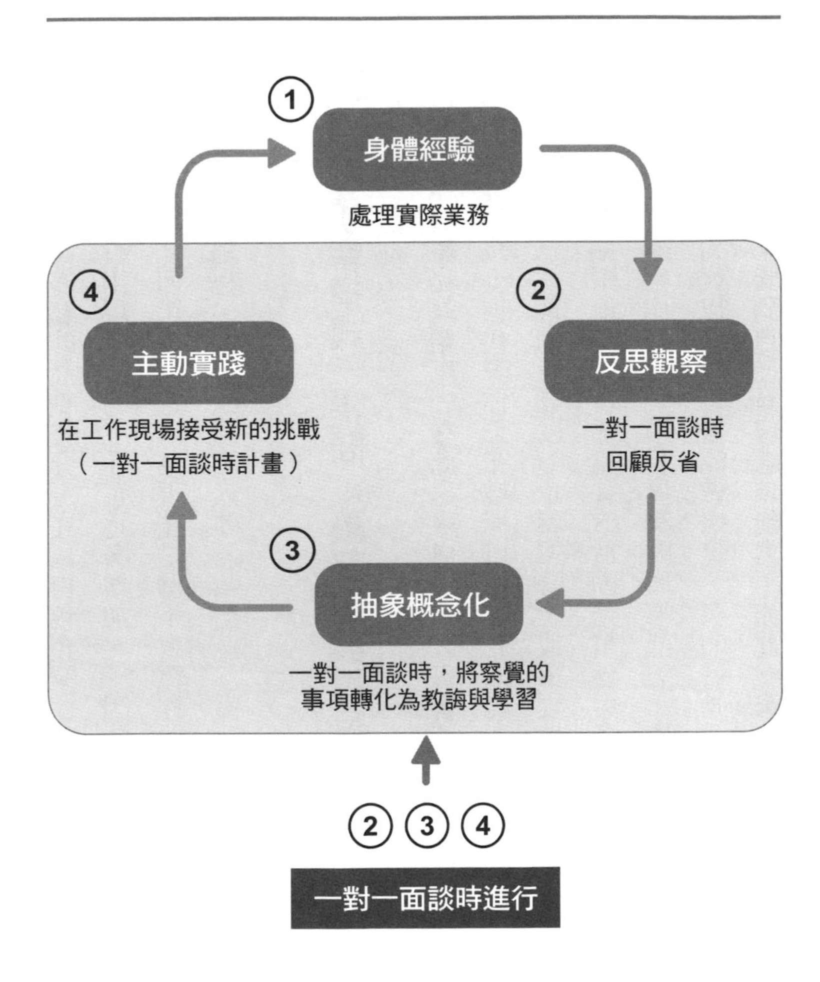

資料來源：作者根據 Kolb D.A.（1984）Experiential Learning 再補充內容。

著有許多職能開發書籍的高橋俊介，在《白色企業：服務業化的日本人才培訓策略》中提到：「不會出現失敗的工作正逐漸增加。」因為工作內容細分化，讓處理過程變得不會出現任何錯誤。正因為現在是個不太會經歷失敗的時代，如果沒有刻意建立體驗學習的過程，就無法培訓人才。

以「經驗學習模式」提問，讓部屬發現自身潛能

我們常把工作處理完就結束，**在此過程中，不太會留意自己發揮了哪些能力。**其實，當你採取行動時，也代表你正在發揮自己擁有的能力。

例如：部屬A在執行某個有難度的企劃案時，他積極地與其他人溝通，並且努力交涉，讓企劃案在期限前完成。部屬A的行動是積極與多數人溝通交涉，而這個能力就是領導力。他能夠比以前發揮更優質的領導能力，讓企劃案順利推行。反過來說，就是因為領導力比以前好，才能做出這一次的行動。

但是，**部屬沒有察覺到自己具備這項能力，如此一來，可能使這次變成偶然發**

揮，下次不一定能夠照常展現。因此，主管要透過提問，讓部屬察覺到原來自己具備這個能力。

這一次

行動　積極溝通，讓相關人士積極參與（形於外）

↓　對這個能力沒有自覺，難以再次表現

能力　領導能力（不形於外）

一旦讓部屬發覺自己的潛能，就算遇到不同的情況，也能自由運用。**只要擁有自覺，部屬就能掌控自己的能力**。主管的提問範例如下：

對話範例

主管：「這次專案展現了你的領導能力，如果能將你的強項用於目前的工作，你覺得會帶來什麼樣的表現呢？」

部屬：「目前為止我都是根據營業部的需求開發系統，但之前有些部分沒有符合顧客的需求，讓我覺得有壓力。因此，我希望能夠請營業部安排三方可直接溝通的機會。雖然這是營業部的工作，難免會覺得不干我的事，但是您提到領導力讓我想到：將來我可以根據客戶的需求設計，並且向營業部確認是否可行。」

主管：「你的想法很好，有需要我幫忙的部份請隨時告訴我。」

下一次

能力 → 領導能力（不形於外）

↓

有自覺，能夠表現更多的領導特質

將來的行動 ← 讓營業部安排三方會面的機會（形於外）

透過一對一面談，讓部屬察覺自己具備的能力，並且能夠展現出來。你可以這樣提問：

「這段期間，想要專注開發哪項能力？」

「在開發自我能力方面，這個月已著手進行哪些事了呢？」

「有沒有遇到什麼困難？」

「這個月注入最多心力的是哪一項工作？」

「關於這部份，自己學到什麼或有何啟發？」

「有沒有希望讓別人知道的表現？或是有什麼你非常努力的地方希望讓我知道的？」

「對我或其他團隊成員有什麼要求？譬如提供協助等。」

「會不會覺得現在的工作無趣？」

「要提升工作能力，有什麼是你覺得必須要做的事情呢？」

「自己現在的強項是什麼？」

「自己現在的弱點是什麼？」

「如果把你的強項活用在工作中，能帶來什麼成果？」
「你認為現在具備的強項是工作培養出來的嗎？」
「將來想把你的強項發揮在什麼項目上呢？」
（如果能發揮強項的話，可以做些什麼事呢？）

別劈頭就問「將來想做什麼？」你應該……

主管為了部屬好，常常會詢問：「將來想做什麼？」但在當今瞬息萬變的時代，能夠明確回答「我想做這個」的年輕人已經屈指可數。在這樣的背景下，某次我與客戶聊到在未來職涯發展的重要性時，有人說：「每次主管問我將來想做什麼，當我回答沒有想做的事，他就非常生氣。」

主管會認為，沒有想做的事就是沒有衝勁、沒有鬥志。但沒有找到想做的事，真的很差勁嗎？說起來，主管為什麼提出這樣的疑問呢？

主管應該讓部屬思考職涯發展，發現職務與現在工作之間的關聯性，並且找出將來職位異動的可能性，才能引導出部屬的幹勁。但是，主管因為部屬回答：「沒有特別想做的事」，就給部屬打了負分，反而會抹煞部屬的鬥志。

其實，讓部屬產生「未來想做的事」的想法才是最重要的。要讓部屬主動思考，我認為有兩個方法可行：

● **由上而下型（top-down）**

這是由目標反推的思考模式。明確勾勒未來藍圖，從這個藍圖反推，思考現在該做什麼事？現在所做的事如何與未來產生連結？

● **由下而上型（bottom-down）**

這是透過累積至今的經驗，開創新職業技能的思考模式。雖然對未來沒有明確的計畫，但是重視自己現在的心情及想法，熱衷於目前的工作，持續做想做的事，都會對未來產生影響。

這兩種思考模式有個共通點，就是「現在不迷惘，充實度過每一刻」。人只能活在當下，而現在的累積會造就未來。知道自己對未來沒有規劃，具有問題意識是件好事，但如果因此過於煩惱不安，反而敷衍度過當下，就本末倒置了。

主管必須學會接納對未來沒有想法的部屬，並讓他能專注於當下。部屬的想法會改變，對未來的規劃也會漸漸明確，主管只要隨時從旁協助確認即可。詢問部屬對工作的未來規劃時，應該留意以下三點：

1. 在公司內的未來規劃
2. 身為工作者的未來規劃
3. 其他（個人、家庭、生活地區）的未來規劃

為了使部屬深入思考在公司內的未來規劃，可以先找出公司中值得效仿的人物，或接近自己希望成為的模樣。就算找不到這樣的人，也可以不以人為標準，請部屬分析應該具備的能力或條件，並且討論如何讓表現更接近這個榜樣或條件。

還有，**教導部屬贏得同事好評、順利升職的方法，或是討論公司的考核制度，有助於部屬設定在公司內的未來規劃。**從實際上能為公司帶來貢獻的角度對談，更能提升部屬在公司的價值，因此也可以從這個角度與部屬討論。

接下來，要從工作者的角度思考未來，應先讓部屬將行為轉化為自己的能力。也可以反向思考，部屬想培養什麼樣的能力？確定方向並實際行動，便能提升工作者的價值。

至於其他方面的未來規劃，是想成為好丈夫、好妻子、好父親、好母親，或是優秀的大人？談論想成為的模樣，能讓部屬對自己的未來有大致的想像與佈局。工作與私人生活在今日已經無法完全切割，主管與部屬面談時，也應該聊聊部屬在私人生活上的未來理想。針對未來職涯規劃的提問範例如下：

「未來的工作目標或想做的事有沒有改變？」

「日後想對部門或團隊做出什麼貢獻？」

「如果訂定未來想做的工作或工作目標，請跟我分享。」

「你想成為什麼樣的人呢？」

「仔細思考的話，今後想提升哪方面的能力？」

「公司裡有沒有值得你學習的人物？」

［話題七］傳達策略與方針

主管最大的任務，是在組織中扮演連結的角色，成為上下的溝通橋樑。尤其要作為資訊的連結點，把上層擬定的策略或方針，以淺顯易懂的方式傳達給部屬，讓部屬完全理解與牢記。

為何優秀主管都懂得用逆向的「報聯商」？

每年四月，我都要為許多公司舉辦新進員工的研修課程。在教導新進員工安排工作進度的技巧時，一定會談到「報告、聯繫、商量」。現代人普遍不認為這與工作進度有關係，特別是報告和商量，而認為這是單純對主管的例行工作。一定有不少主管希望他可以什麼都不做，部屬就會主動向他報告。

然而，我認識的優秀主管則利用「逆向報告、聯繫、商量」的模式，從會議或上級主管口中，掌握部屬不知道的重要資訊，優秀的主管會仔細調查後，再公佈給部屬。

優秀的主管知道，自己是以部門代表的身份，出席主管才能參與的會議，因此應該毫無保留分享資訊。獲得資訊的部屬便能拓展視野，擁有更多資源，於是能自主思考，變得自動自發。

換句話說，懂得逆向報告、聯繫、商量的主管是人才培訓的高手。相反地，不夠能幹的主管不會對部屬公開會議中的資訊。這種主管認為：「沒什麼重要的事」，或「部屬沒有必要知道」。雖然不能一口斷定這是錯誤的做法，有時候資訊太多，反而讓人陷入混亂，主管希望部屬只要能扮演好自己的角色就好，會有「部屬不需要知道」的想法也無可厚非。

可是，如果希望部屬可以快速成長，還是應該告知重要資訊，具體來說包含以下三種：決定事項、達成決定的過程、主管的話。

一、決定事項

說明本次會議中決定的事項。

主管：「這次的會議決定，不只是新進員工，中途採用員工（譯注：指雇用中途轉職的人，也就是有若干工作資歷，非應屆畢業的社會新鮮人）也適用「導師制度」（mentor program）。」

二、達成決定的過程

說明為什麼做出這項結論的原因：

- **事實原因**：由誰提出的意見，以及聽取主要人員的意見
- **注意事項與因應對策**：進行決定事項時的注意事項及因應對策

- **時間的衍生：**現在與未來如何連結？
- **空間的衍生：**正在進行的事情會對其他方面造成什麼影響？

主管：「至於為何會做出這樣的結論，是因為A課長提出的意見。

1. 中途採用員工的人數，相較於上半年增加近兩倍。
2. 這些人符合公司的採用體制，但有些人不習慣職場生活，午餐也是自己一個人吃飯。
3. 他們的戰力還無法達到預期。

這件事也有其他人提出。（**事實原因**）

「可能會佔用擔任導師人員的時間。可是，對公司而言，這是非常重要的事情，希望各位多花一些時間，也會列為考核項目。同時

預定舉行說明會及研習會。**（注意事項與因應對策）**

「希望藉此制度，中途採用員工與公司原有員工之間的聯繫，能比之前更迅速、強大，讓業務溝通更順暢。**（時間的衍生）**

「這次擔任導師的人，基本上會選定完全沒有管理經驗的人，對導師而言，也是絕佳的自我培訓機會。」**（空間的衍生）**

三、上層主管的話

對話範例

主管：「如果實施這個方案，可以預想會發生以下的事：

1. 擔任導師的人會抱怨自己很忙。
2. 會有人要求自己也需要導師。

「不過，我希望擔任導師的人能瞭解這個方案的背景，並對有意見的人說明。另外，希望這個方案的相關人員能全力以赴，沒有參與其中的人，也不要覺得與自己無關。這次的問題主要在於中途採用員工無法適應環境，我希望其他人能夠多跟他們交流，或者共進午餐，聽聽他們的想法。

「希望大家都能夠對這個問題和制度的背景達成共識，如果有其他更好的解決方法也請告訴我。拜託各位了。」

一對一面談結束後，如果獲得任何有利於部屬的資訊，希望主管都能夠逆向報告、聯繫、商量。不論是下次一對一面談時，或是有更好的時機，都可以利用共進午餐，或大家在自己位子上閒聊時主動提及。

重點整理

- 主管的職責不是在於協助部屬的工作，而是協助提升能力。
- 一對一面談可以改善個人工作及組織的課題，幫助掌握工作狀況、改善工作現況，並且讓部屬為組織帶來貢獻。
- 考核評鑑的重點不是正確地評分，而是讓被評價者接受結果，主動改善問題。
- 解釋說明成立考核制度的背景，能讓部屬認同公司經營方針產生感。
- 透過一對一面談，讓部屬發現自己潛在能力，便能不斷拿出成果。
- 一對一面談也能讓部屬對未來產生想法，找出自己想做的事情。
- 主管主動向部屬報告、聯繫、商量，讓部屬能夠自主思考，變得自動自發。

編輯部整理

第4章

如何產生對話的力量？具體實踐有……

〔方法二〕 首先像接待客戶或辦活動一樣，安排面談時間

與重要客戶預約般謹慎

到了真正開始一對一面談的時刻，應該先做什麼呢？一對一面談不是一個人就能完成的事情，如果沒有對方協助，就無法營造出適當的時間與空間。因此，務必好好準備，讓部屬懷著好心情參加一對一面談。

在準備階段，時常犯的錯誤如下：

- NG：沒有告訴部屬，自行排定一對一面談的日程。

- OK：試探部屬的意願，並取得同意。

或許有人會覺得與部屬約定日程很麻煩，那是因為他習慣站在主管的角度來看待一對一面談。但如果是跟重要客戶交涉或簽約，你會怎麼做呢？

- 第一步：重點說明，安排會面的行程。
- 第二步：為了能夠圓滿達成而努力準備。

簡單來說，大多數人都會做這兩件事。以相同的方式與部屬安排一對一面談，像接待客戶一樣以彬彬有禮的態度開始，自然就會尊重部屬，讓後續的過程順利進展。

先從「預約一對一面談的日程」開始吧。你必須先取得部屬的同意，再來安排行程，並且在面談到來前，事先準備、整理好面談時的工作。接下來將介紹如何取得部屬同意，以及約定第一次面談時間的具體方法。

一對一面談執行指南

○○辛苦了。我是××。

　這次，我想以○○為首，開始跟每位組員一對一面談。面談的目的，是想瞭解○○在健康或工作上有無問題，並且分享你在工作上的成長。另外，想藉此機會說明往後職務或部門方針，打造讓你更集中於工作的氣氛與環境，也希望你能侃侃而談，把你的想法告訴我。

　為了掌握往後如何進行一對一面談，○月○日的○點，想佔用你三十分鐘的時間。詳細情形會於下次的會議時說明，若有任何疑問也請告訴我。麻煩你了。

你可以參考以上範例，利用電子郵件與部屬約定時間。

取得部屬同意

如果主管能夠詳細說明，取得部屬同意並約定面談時間，通常都能順利如期的舉行一對一面談。萬一部屬不願意參加一對一面談，主管應該更謹慎勸說，並舉出和這位部屬狀況相同的案例來說明。

主管：「有個參加過一對一面談的同事，跟你一樣已婚，還有年幼的孩子。聽說他的太太身體狀況一直不太好，這位同事要打理家事，還要接送孩子上幼稚園，相當辛苦。家庭和工作讓他蠟燭兩頭燒，但又不好意思向人訴苦，聽說他心裡非常苦悶。

「就在他最難捱的時候，公司開始實施一對一面談，讓他有機會可以定期跟主管交談，他也在一對一面談時把這件事告訴他的主管。聽說這位主管答應他，可以在特定期間內延遲上班時間。

「這位同事因此恢復往日的活力，聽說現在工作的表現也相當活躍。你想不想和這位同事一樣試試看，在遇到難以啟齒的問題，或趁事情還不嚴重時，利用一對一面談的機會說出來，趁早解決呢？」

主管不能單方面強迫部屬，但也不能完全放任，應該稍微加入一些強制力。讓面談順利實行也是主管的職責，請試著運用適合每個人的方式，讓部屬願意參加。

然而，即使將好處說得如此明白，也有部屬可能因為從未參加過一對一面談，無法想像實際情況。他不會直接拒絕，但難免會認為：「雖然是很好的活動，但是這麼做有何意義呢？」

部屬沒有想積極參與，即使真的參加了一對一面談，也可能像去做客一樣被動，氣氛無法活絡。因此，對於這樣的部屬，舉出能夠想像的事例，並讓他像是寫作業一樣，把想討論的話題寫下來。提問時，不以個人的角度，而是從團隊目前面臨的問題切入，也是有效取得部屬同意的方法。

主管要自己安排行程

取得部屬同意後，接下來要由主管自己排入行程。如果告訴部屬：「記得把面談加入行程」，只交給他負責，那麼他可能不記得放入工作日程，所以主管也要把面談加入自己的日程。

你可以將資料輸入公司使用的團隊系統，或 Google 日曆等能與部屬共享的工具。如果你習慣將行程記錄在自己的記事本，也務必請部屬記下來。不要只排定一次面談，應該至少安排三個月份的行程。使用工具記錄，複製功能可以幫助你簡化操作步驟。

為什麼行程至少要安排三個月份呢？最近發現，許多公司的財報都改為每季提出，三個月正好是一個營運周期。主管配合營運周期，以季循環檢視管理狀況，就能與公司的營運情況連結。

一對一面談不該是「例行公事」，應該當成「辦活動」

然而，如果接下來三個月份的行程都只用複製的話，反而會讓一對一面談變成「例行工作」。要注意的是，例行工作會造成「血路不通」。請各位想像成例行會議：每次都是和相同的成員討論著相同的主題，在會議開始前才匆匆忙忙送出報告摘要，讓會議順利結束。各位是否也有這樣的經驗呢？

例行會議雖然能達到最基本的效果，可是一旦變成例行性，所有人就會覺得，思考與行為只需跟往常一樣，不會想要改善或加入巧思。說得更直接一點，**大家根本不會把心思放在例行工作上。沒有把心思放在上面，就不會拿出好結果。**

然而，例行的相反是「活動」，會給人特別、不同以往的感覺，還會莫名地感到興奮。不管是什麼活動，只要是自己主辦，就會把心力投注在活動中，甚至想加入巧思，不斷思考讓活動變得特別的方法。如果活動順利完成，成就感會更強烈，但若是辦得不成功，也會認真反省，期許下一次能夠改善。

一對一面談也可以用辦活動的流程籌劃。主管身為活動主辦者，如果沒有細心設計規劃一對一面談，參加的部屬遲早會覺得厭煩。活動內容越無法吸引人心，越會讓人覺得無趣且浪費時間，最後部屬甚至會覺得出席一對一面談很痛苦。

雖然一對一面談的舉辦時間要定期，但是千萬要注意形式不要流於例行公事。而且，應該例行化的不是一對一面談的時間，而是準備一對一面談的過程。萬一因為其他事情而取消一對一面談時，請務必重新安排日程，再次與部屬約定時間。如果主管沒有慎重看待與部屬的約定，總有一天一對一面談將無法順利舉辦。

接下來，我們看如何把一對一面談當成活動籌辦。

[方法二] 用四祕訣設計空間來營造氣氛，讓對方說出內心話

人對於所處的「場所」或「空間」，會產生特定感情。例如：在迪士尼樂園裡，每個人都會處於「興奮愉悅」的狀態。如果置身神社等宗教場所，「虔誠之心」會油然而生，都是因為該空間的氣氛與能量讓心情產生變化。因此，主管要設計一對一面談的空間，營造出想要的氣氛。

如果是在會議上，是否能營造出讓部屬侃侃而談的氣氛呢？還是能讓部屬說出內心話呢？營造這個場合的氣氛，也是主管的重要職責。

主管握有改變氣氛的控制權，但不必擔任氣氛製造者。例如：會議剛開始時氣氛很凝重，主管可以分享剛從得意忘形的A聽到的週末糗事。當會議氣氛太鬆

散，想要嚴肅一點，不妨在眾人面前詢問一向守時的B：「你對不守時的人有何看法？」

主管可以配合自己想要營造的氣氛出招。同樣的，試著思考一對一面談要營造什麼樣的氣氛，並加以設計。幫助營造氣氛有四個方法：

- 決定場地。
- 注意自己的表情。
- 準備輔助道具。
- 設定獨特的命名。

決定場地

如果在公司舉辦，通常會使用會議室。如果可以選擇的話，最好配合目的選擇適合的會議室。空間的寬敞度、明亮度，有沒有窗戶，採光好不好都是重點，因為映入眼簾的環境，會深刻影響我們的思維及創造性。

我以前舉辦研習課程時發生過一件小插曲。在課程接近尾聲時，我跑去找助理拿資料，當時，她給我看她的手錶，問我：「離結束還有二十分鐘，這份資料教得完嗎？」我看著她手上狹窄的錶面，不由得緊張起來，只覺得：「糟糕，這下子無法準時結束課程！」

可是，當我跑回會議室，抬頭看到掛在牆上的大時鐘，整個身體瞬間放鬆了，我告訴自己：「時間這麼多，我可以從容地準時結束。」那一瞬間的感受至今仍記憶猶新。

同樣是二十分鐘，看到狹小物體與寬敞物體，視覺竟然能讓時間感出現如此大的差異，而我認為這個原理也適用在一對一面談的房間。如果是要進行各種方案的腦力激盪，或是要討論未來規劃，最好選擇寬敞、挑高的房間。此外，如果是明亮或有外面光線照射進來的空間，會讓人覺得未來光輝燦爛。

另一方面，若是要聆聽煩惱，或是必須做出決定時，可以選擇比較狹窄、光線能讓人安心的空間。

我的客戶中，也有人利用會議室以外的地方進行一對一面談。例如：在飯店自助餐廳一邊用餐，一邊與部屬一對一面談。雖然不是每次如此，但每三個月就有一次機會，讓他能悠哉、充裕地跟部屬聊未來。

在工作場所以外的空間，比較容易說出對人生的職涯規劃，飯店的空間也會讓人想暢談自己的夢想。有人是邊散步邊進行一對一面談，有時候咖啡廳也是不錯的選擇。**並非一定要每次都在相同的場地，你可以配合目的，像舉辦活動一樣，隨時調整場地來進行一對一面談。**

注意自己的表情

要營造歡樂氣氛，有件小事只要自己多加注意就能帶來莫大影響，那就是「表情」。注意自己的表情，配合現場氣氛，就能打造出你想要的空間。或許有人會想：需要做到這種地步嗎？其實，只需稍加留意，你就能體會表情擁有的影響力。

你能想像自己現在的表情嗎？還有，一天當中，你有多少時間會凝視自己的臉呢？如果是男性，最多是五至十分鐘，女性則因人而異，但大概也有三十分鐘至一小時。但你的同事會看到你的臉的時間有多久呢？如果是坐在你面前的人，你的臉一天中大概有五個小時會出現在他的視線範圍。

臉雖是自己的，但是受到表情影響的人並不是你，而是你周遭的人，現場氣氛可以透過表情營造，而表情是可以練習的。據說好萊塢巨星湯姆．克魯斯（Tom Cruise）和演員唐澤壽明都會拿著鏡子，端詳自己的表情來練習柔和的笑容。雖然我們不須做到湯姆．克魯斯的程度，只要能夠稍微注意自己的表情，也能夠讓周遭氣氛變好，但很多人沒有這樣的意識。

注意表情、練習笑容的重點是：第一，嘴角上揚的同時要露出牙齒。笑而未露齒，會給人笑容僵硬的感覺。第二，對對方保持好奇心，自己也「實際」認同對方。總之，你應該面帶笑容，並以關心之情聆聽對方說話。

準備輔助道具

決定好場地後，接下來你該思考可以擺設什麼道具或小物品。一對一面談時，如果有道具輔助，可以讓氣氛煥然一新。為了讓一對一面談發揮更多效果，你應該盡可能設想各種狀況。

主管可以設計場地中的所有東西，來提升部屬的情緒或動力。小物品或道具能發揮輔助效果，以下列舉的道具不一定要全部擺放，只要針對你想營造的效果做準備即可。

- **橡皮筋毛毛球：**毛毛球大小跟棒球差不多，是一種橡皮細線（線狀橡皮筋）以放射狀排列的球（參考下頁照片）。當我們碰觸或手握橡皮筋毛毛球時，會產生獨特的感覺，能夠舒緩緊張、抒解壓力。
毛毛球的色彩鮮豔繽紛，能夠刺激視覺，讓人情緒高漲、提振精神，因此在研討會或研習課程等前導部分，經常使用到橡皮筋毛毛球。當學員在討論業績未達成之類的負面話題，或是要腦力激盪想出點子時，橡皮筋毛毛球能讓大家更勇於開口。而且網購就能買到。

- **各種顏色的便利貼：**構思想法或整理現階段的工作任務時，便利貼能夠派上很大的用場，不僅能刺激視覺，也能激發創意。
- **彩色筆：**適用於構思創意的時候。
- **餅乾點心：**可以緩和氣氛。
- **智慧型手機的相機功能：**可以記錄面談時寫下的想法或紀錄，以便日後共享資料。
- **計時器：**用來分割、區隔時間，讓精神更集中。
- **桌上型時鐘：**幫助正確管理時間。
- **可以收納所有物品的盒子或收納箱：**用來統一收納一對一面談使用的道具。

● **白板：**可以讓你一邊寫字，一邊整理確認彼此的想法。

或許你會覺得這樣的準備工作太過仔細，但是在確實準備的過程中，可以提升一對一面談的價值，營造優質、高效率的面談時光。

設定獨特的命名

對人類有卓越貢獻的普通語義學創始人阿爾弗雷德・柯日布斯基（Alfred Korzybski），有一段趣聞軼事。

某天，柯日布斯基正在上課，突然中斷課程，從公事包取出用白紙包著的餅乾，他小小聲地說：「好想吃點東西喔！」並勸誘坐在前排的學生吃餅乾。學生們津津有味地吃著，柯日布斯基邊說：「好吃吧！」邊拿出第二片餅乾。

這時，他突然拿掉包著餅乾的白紙，露出原本的包裝。上面畫著一隻狗，寫著「Dog Cookies」。學生們看到這幾個字大受衝擊，當中兩名學生立刻掩著口衝去廁所。

吃東西的行為其實不是在吃食物，而是在吃語言。不管食物多麼美味，我們更在意「狗餅乾」等言語上的解釋。同樣的道理，賦予一對一面談特別的命名，是件非常重要的事。

比起實際一對一面談，命名更能夠表現這個活動具備的獨特意涵，千萬別命名為「例行面談」。「例行」二字，通常只會讓人浮現面談的負面想法，而且，例行這個字眼無法打動人心。如果取名為「兩人的未來幻想會議」，各位是不是會覺得，一對一面談是可以天馬行空想像未來的時間，讓人有點心動呢？因此，命名也會影響一對一面談的氣氛。

汽車製造大廠本田公司有個非常有名的故事，他們會召集所有員工舉辦創意會議。當大家聚在一起時，現場總是非常熱鬧喧囂，因此他們把會議命名為「熱鬧喧囂會議」。比起宣佈「今天要召開商品開發會議」，聽到「今天召開熱鬧喧囂會議」反而更有吸引力，讓人更興奮。一旦能夠打動人心，身體也會跟著動起來，更想積極出席會議。所以，配合主管個性及部屬特質，想個讓人心動的名稱吧！

以下的例子是我的客戶實際使用的名稱：

- 1 ON 1
- 黃金時間
- 你的時光（Your Time）
- 打牆會議
- 反省時間
- 竊竊私語會議
- 檢視與行動
- 第二領域會議
- 心腦整理會議
- 老時間
- 脫線會議
- 閒聊ＭＴＧ
- 真心話ＭＴＧ
- 鈴木（部屬名字）時間
- 太郎（主管的名字）的房間
- 精神與時間的房間
- 聊八卦
- 週一會
- 隔週會
- 一月一會

〔方法三〕製作「個人雲端資料庫」，才能擬定管理的對策

一對一面談中，主管務必要做的一件重要事項，是把面談的內容保存在部屬的個人資料庫中，並且更新每次面談得知的資訊，便能夠根據這些資訊進行分析，擬定新的對策。

這個步驟比面談中的隨口提問或建議還重要。如果不夠瞭解對方，就無法掌握問題的根本，也無法找出確實的應對解決方法。好比公司與顧客，主管要把部屬當成重要客戶看待，如果不夠瞭解顧客，就無法提供優質服務。

麗思卡爾頓飯店（The Ritz Carlton Hotel）以提供感動服務聞名，飯店透過與顧客直接接觸的員工，或是打掃客房等間接接觸的清潔人員獲得顧客資訊，並儲存

在資料庫中。

客房清潔人員會報告顧客抽菸的品牌，或喜歡的枕頭位置；客房服務人員從顧客的交談中，知道喜歡哪支職棒隊伍；飯店直營餐廳的工作人員能知道顧客喜歡燒酒勝於啤酒，不敢吃芥末、是左撇子等資訊。把這些資料儲存在資料庫裡，當顧客再次投宿時就能派上用場。

下次這名顧客再來住宿時，員工可以把顧客喜歡的香菸事先擺在房間裡。如果剛好遇到職棒賽季，便可以幫客人準備觀賽票券。去餐廳用餐時，還能事先把筷子擺在左手邊。利用資料庫中儲存客戶的資訊，飯店便能提供超乎預期的優質服務。

一對一面談時，雖然不必提供部屬如此經典的服務，但是記錄個人資訊，會帶給你這些好處：

1. 順利繼續上一次的話題。

2. 掌握對方思考方向的改變。

3. 如果有作業，可以確認進度。

4. 平常特別注意到的事情，可以利用面談時給予回饋。
5. 職務變動時，可以把資料移交給下一位主管。
6. 主管與部屬之間可以共享情報。

雖然每個人會自己做筆記，但是在總整理時，雲端記錄是非常方便的功能。雖然Google提供的文件或試算表工具也不錯，但我個人推薦使用Evernote。不僅可以從電腦輸入資料，透過智慧型手機讀取，資料夾分類或影像記錄的功能也無可挑剔。資料夾可以分為兩個，就算是多人共享也能順利管理，而且照片可以馬上收藏於資料夾，非常方便。只要善用這些軟體，就可以輕鬆管理個人資訊。

〔方法四〕利用實踐清單與共享清單，完成最後準備

為了在一對一面談正式開始時不會慌慌張張，讓我們確認你必須事先備妥的事項。首先，要準備一對一面談時使用的表格（參考197頁），格式不相同也沒關係，只要能記下第二章及第三章介紹的七項主題即可。接下來，介紹實施前應該事先確認的事情。

■上次的面談筆記

上次面談的筆記，是197頁一對一面談實踐清單「4. 總整理與實踐計畫」的部份。第二次以後的面談，主管要記得回顧上一次的內容，同時確認資訊。尤其當主

管與部屬雙方都有需要完成的作業時，更要確實確認進度。還有，一對一面談的開場時，也可以一起回顧上一次的談話內容，讓部屬能夠延續話題。

■給予部下回饋的材料（優良的言行或成長期許）

這個部份是一對一面談實踐清單中的「③提升動力」的項目，是主管每一次面談時的作業，必須事先準備。當前次面談結束後，主管務必在這期間觀察部屬的言行，尋找優良表現，下次一對一面談時至少要準備一項告訴部屬。

這麼做除了能夠傳達「面談以外的時間，我也在關心你喔」，還能強化部屬的優良表現。如果主管找不到這些材料，可以從身邊的人取得情報。

■本次的面談話題

最好的方式是事先把一對一面談共享清單（如198頁圖）交給部屬，讓他思考這次面談想聊的主題。如果沒有特別想談的主題，也可以從主管自己準備的話題下手，也就是一對一面談實踐清單的「3. 這次面談的主題」。為了避免在面談時尷

一對一面談實踐清單　日期　姓名

1. 破冰與確認身體狀況：5 分鐘

① 瞭解彼此的個人生活
② 心理、生理狀況：（◎　○　△　×）

2. 回顧上一次面談並給予認同：5 分鐘

③ 提升動力（回饋最近優良的言行表現、變化）
〈必須〉＿＿＿＿＿＿＿＿＿＿＿＿＿＿＿＿＿＿＿＿

3. 這次面談的主題（個人工作・組織改善、能力・職涯規劃）：15 分鐘

④ 工作、組織改善／⑤ 考核、目標設定／
⑥ 能力、職涯規劃／⑦ 策略、方針（擇一圈選）

4. 總整理與實踐計畫：5 分鐘

一對一面談共享清單　　日期　　　姓名

*請寫下本次面談想談的主題

□ 完成目標的過程中，覺得心煩或困擾的事

□ 工作上注意到的事情
（從上一次面談到現在，最投入的工作內容是哪一項？自己在這項工作中學到了什麼？發揮哪些強項？）

□ 提升向心力（讓團隊更好的想法）

□ 對主管的請求（希望主管幫忙的事或其他請求）

□ 個人主題（私事或身體狀況等想與主管分享的事）
自己或家人的身體狀況、家庭壓力等會影響工作的事情

□ 關於未來的職涯規劃（想變動工作內容或職務）

尬、無話題可聊，最好先準備三個不同的主題，並且觀察部屬的反應，找出必要的主題並深入交談（可參考書末的範例集）。

［方法五］面談可設定為三十分鐘，並分成四階段進行

時間	內容	一對一面談實踐圖的主題
①0～5分	破冰與確認身體狀況	瞭解彼此的個人生活 確認身心健康狀況
②5～10分鐘	回顧上次面談並給予認同	提升工作動力
③10～20分鐘	這次面談的主題	視情況選擇㊃～㊆各主題
④25～30分鐘	總整理與確認實踐計畫（作業）	－

將時間切割為四等份

一對一面談因為有時間限制，主管一定要事前想好每個話題的時間分配。以下將介紹實際面談的操作範例，以一對一面談實踐圖的七項主題為主軸，時間設定為三十分鐘。

■開始～　破冰㈠瞭解彼此的個人生活

主管：「你最近好像在鍛鍊身體喔！」
部屬：「是啊，您看得出來嗎？」
主管：「一看就知道。什麼原因讓你想運動呢？」
部屬：「因為半年前健康檢查的結果不太好，為了健康決定開始上健身房。現在我去的這家健身房很有趣……。」

■ 3分鐘～ 確認身體狀況㊁確認身心健康狀況

主管：「很好啊！對了，你最近看起來很有精神。晚上也睡得好嗎？」

部屬：「是的。睡得很熟，身心都很健康。」

主管：「這樣很好。工作方面如何呢？有沒有晚下班或是工作量太大等讓你困擾的問題？」

部屬：「上個禮拜因為要交貨所以比較忙，不過，現在已經沒問題了。」

主管：「很好，看來你公私生活都安排得很均衡。」

■ 5分鐘～ 回顧上一次面談與認同㊂提升工作動力

對話範例

主管：「我剛好有點時間，就回想了上次的面談內容。上次你說：『覺得最近成長比較緩慢』，我也跟你聊了很多，想知道為何你會有這樣的想法。才發現是因為最近需要溝通的工作變多，所以沒有時間嘗試新挑戰。上次建議你試看看『找出減少交涉工作的方式』後，現在情況如何呢？」

部屬：「我聽從您的建議，馬上請開發部門的野口先生幫我設計固定的產品規格。這可是一項大工程，光是和其他人的合作就讓我覺得非常新鮮有趣。接下來我也會繼續嘗試。」

主管：「**哇！你真的很優秀呢。說過的話馬上付諸實行，這樣的態度值得成為全公司的楷模。**」

部屬：「沒有啦，您過獎了。」

主管：「預定何時完成呢？」

部屬：「第一批是下個月上旬。」

主管：「我很期待喔！」

■ 10分鐘～ 這次面談主題㈣改善個人工作與組織課題

主管：「那麼，今天想聊些什麼呢？」

部屬：「不好意思，今天沒有特別想到要聊的話題。」

主管：「沒關係，沒關係。那麼，**你最近對於整個團隊有什麼看法嗎？**」

部屬：「我覺得看起來沒有什麼特別的問題。」

主管：「那就好。如果沒有特別的問題，你認為其他優秀團隊有哪方面是值得我們學習的嗎？」

部屬：「如果與成果表現更卓越的團隊相比較，我們的團隊較偏重個人表現，可能因為太過重視個人，大家不太會關心彼此的工作狀況，感覺成員之間的聯繫很淡。」

主管：「原來如此，你真的觀察相當入微。還有其他的嗎？」

（中略）

主管：「那麼，我們團隊目前的表現比較偏向個人發揮，**你覺得有沒有什麼可以由你來做的改進方法？**」

部屬：「如果是我的話，我會想找時間跟每位組員聊聊，詢問他們成功的原因，其實我自己也對這個問題感興趣。可以整理每個人的答案，跟所有組員分享。」

主管：「這個方法很有意義。那麼，如何才能讓每個成員都願意分享呢？」

部屬：「我會先跟大家分享這次的內容，讓所有組員對這個問題腦力激盪一下，光是想像大家的反應就覺得好興奮。」

主管：「我也很期待呢。」

■25分鐘～　本次面談總整理與確認實踐計畫

主管：「如果**要讓每位組員都能取得你說的資料，你覺得需要多久時間？**」

部屬：「我想兩週的時間應該足夠。」

主管：「很好呢！**有沒有可能會需要兩週以上的狀況呢？**」

部屬：「我想應該沒有，除非有人因為生病請假。如果沒有的話，我想應該沒問題。」

主管：「好，我瞭解了。那麼，應該下一次面談前就能完成這件事。如果之後還有什麼發現，下次面談時也請告訴我。**最後，對今天的面談有什麼想法，或有什麼需要注意的地方嗎？**」

部屬：「我沒有嘗試過從團隊的角度思考事情，覺得很新鮮。試著以團隊的角度思考，才發現我能為團隊貢獻的事情竟然這麼多。是個重大發現。」

主管：「的確，你是個很有實踐力的人，只要有想法便會馬上付諸行動，我很期待下一次的面談。」

■ 30分鐘 結束

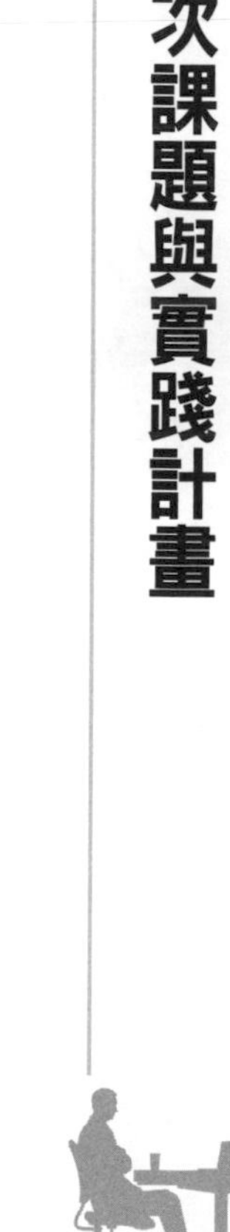

〔方法六〕整理面談內容，決定下次課題與實踐計畫

在完全結束前不能鬆懈

一對一面談的最後，要整理當天面談的內容，並且確認實踐計畫。主管可以提出以下的問題：

- 今天的談話中印象最深刻的事？
- 今天的談話中最想記住的事？
- 能不能用自己的方式整理今日的面談內容？

● 下一次的面談前，有沒有什麼想實踐的計畫？
● 確認實踐計畫的5W1H：何時開始？在哪裡進行？對象是誰？做什麼事？原因？如何做？
● 要達成目標，有沒有我能幫忙的地方？

只鎖定「一件」要完成的事情

在一對一面談過程中，一定會對下次的面談產生許多想法，也會湧現許多想做的事，可是，只要鎖定一件事情讓部屬採取行動即可。我們來看下面的例子：

主管：「下次面談前如果只選一件事情執行的話，你覺得應該做什麼事？」

部屬：「應該幫每個客戶建立資料庫。」

主管：「這個想法很好。資料庫的項目有哪些呢？」
部屬：「大概有十個項目。目前有已決定的項目，我稍後再交給您。我會先建立主要五家客戶的資料庫。」
主管：「好的，我瞭解了。」

按照順序擬定邁向目標的過程

決定計畫後，要從頭開始仔細擬定順序。

對話範例

主管：「那麼，應該先從哪件事著手呢？」
部屬：「我想先將零散的客戶資料根據這十個項目，整理成 Excel 檔案。」

主管：「很好。大概需要多久時間？」
部屬：「這部分我還沒想到。如果一家客戶三十分鐘的話，五家客戶應該需要兩個半小時吧？」
主管：「滿花時間呢。你預計什麼時候開始呢？」
部屬：「今天就開始。」
主管：「今天就全部做完嗎？」
部屬：「我想今天沒辦法全部做完。如果明天、後天再集中精神，應該就能夠完成。」

讓部屬能夠清楚地想像作業進度，達成的可能性也會大幅提升。

〔方法七〕面談既可直向又可橫向，後續行動會改變公司整體

一對一面談，讓主管的視野大逆轉！

首先，與部屬分享上次一對一面談的內容，並確認上次的話題。尤其務必一起確認每次作業的實踐計畫。

如果發現自己記下的內容和實際狀況不一樣，應該讓部屬來修正。此外，**如果需要調查、回答部屬提出的疑問或確認事項時，確實詳細地回答非常重要。**

假設課長的作業是「與部長討論，確定公司的意向」，課長應該馬上向自己的上層主管部長報告，最後再告知部屬結果。

一對一面談後確實行動，可以讓部屬感受到一對一面談的重要性，部屬也會確認主管是否有實際行動。如果在下一次面談時，主管回答：「我竟然把上一次的任務忘得一乾二淨。」部屬也會認為：「主管都這樣了，我也不用太認真。」讓一對一面談失去原有的功能。

主管的一舉一動會受所有人檢視，因此，只要主管確實採取行動，便能與部屬建立信賴關係。一對一面談中如果出現「需要確認」的事項，不應該輕視，而是要把這件事確實記下來，並且不忘回答部屬。

橫向一對一面談，讓團隊更強大

一對一面談不是只能實施於主管與部屬的上下關係。矽谷的企業也要求橫向，也就是與各部門相同職位的人討論目前的課題，以及日後如何互相協助。主管記下這些情報並轉達給自己的部屬，不只可以消除部門本位主義，還能與其他團隊建立積極的合作關係。

人們對熟識的事物會更寬容接受，對陌生的人事物則冷漠以待。例如：在擠成沙丁魚罐頭的電車車廂裡，如果碰撞到你的人是一位陌生男子，你可能會覺得這名男子沒禮貌又沒常識吧？但如果是熟識的公司同事，搞不好你還會笑著撞回去。

人們對於陌生人做出的負面行為，產生的厭惡感往往更加強烈，其實這就是本位主義在作祟。因為彼此不瞭解部門中的細節，如果能透過橫向一對一面談，說出彼此遇到的難題或是目前正在努力的目標，組織整體便能朝好的方向發展。

「人才會議」提升一對一面談的效果

既然實施了一對一面談，站在公司立場，一定也會希望能把一對一面談活用在各方面。前面提到的是主管之間的橫向一對一面談，如果許多主管一起開一場橫向「人才會議」，便能找出解決部屬困擾的策略（如下頁圖）。除此之外，還能在過程中，提升主管的培訓能力。

1. 站在公司的角度，從更高的視野看事物。
2. 透過橫向一對一面談接觸更多案例，增加模擬管理的操作經驗。

出席人才會議前的準備作業，應該先把第一手資料輸入 Evernote 等資料庫儲存，再以共享的格式，把這些資料用於主管之間的人才會議。

要在人才會議活用這些資料，應該分享工作動力高昂者，或有明顯變化者的故事。具體來說，就是分享「這個人的狀況為什麼比較好？」

我們會分享的例子往往是狀態不佳的人或有問題的人，把他們當成警惕，找出不會犯錯的對策，反而不太會思考表現良好的人為何成功。這些原因可能是改善狀況不佳的關鍵鑰匙，讓分享達到效果。

召開人才會議

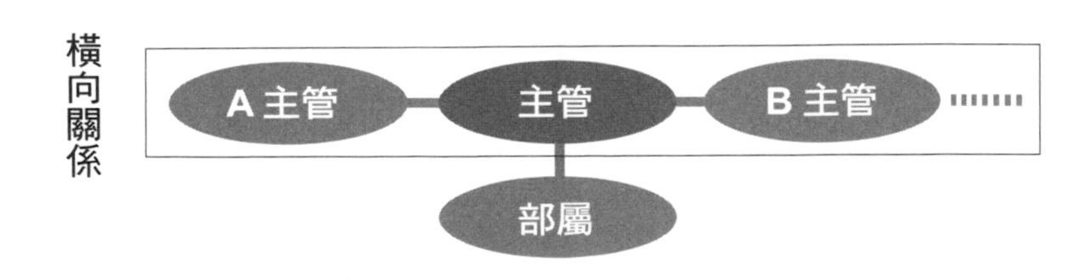

共享檔案格式範例》

部門：營業本部第二課

姓名：宮下真一

整體工作熱情：非常好

原因：上個月開始工作內容有了極大的改變。他以前待的是不容易看到成果的部門，現在開始開發軟體，認真學習原始碼，平常其他部門提出的小問題也能流暢對答（平日的小成果），大家都說：「有關這個領域的問題就去問宮下」，變得更有自信。另外，其他工作也變得更積極，辦不到的事也會清楚地說：「我辦不到」，不會勉強自己接下不熟稔的工作。

↓重要的是，懂得把能夠獲得小型成果的工作分配給年輕員工。

主管也應與自己的上層主管一對一面談

在與上層主管一對一面談時，應該分享自己部屬的資訊。這時扮演的不是詢問者，而是訊息傳達者。你要掌握上層主管想知道的訊息，把焦點擺在自己的部屬，而不是報告工作、目標進度等事項。

上層主管能夠藉由你的分享，瞭解你目前的管理狀況。上層主管也想知道：部屬成長的同時，你自己是否也有成長？能不能讓一對一面談更有意義？這些問題能夠讓主管看見你的成長，因此你必須整理要傳達的訊息重點。

1. 報告需要關懷的對象與對策。
2. 報告上次需要關懷的部屬改善的經過。
3. 報告工作狀況佳的人能維持優良表現的原因。

報告時有兩個重點：

A. 提出兩個以上應對關懷對象的對策。
B. 與主管分享部屬表現優良的原因，並思考他的情形是否能普遍套用於其他方面。

範例A》

山本（工作資歷二年）：不佳
狀況：兩週前開始失眠，白天嗜睡，且工作上沒有好的表現，因此感到壓力。
對策：①下週自行去醫院看診。
②除了擬定結果目標，也要擬定行動目標。
③讓前輩C邀他聚餐，讓他說出心裡話。

範例B》

塚本（工作資歷一年）：非常好

最近表現優異。最大的改變是自己發現對結果的危機意識不夠，終於會覺得「事情不妙」。雖然身邊的人一再叮囑他，但因為他自尊心太強，始終不聽勸。

但連續兩個月未達成目標，讓他開始改變。

我曾不斷叮嚀塚本，但不太有用。自己受到挫折、經歷失敗才是最佳方法。尤其是對頑固的人，不必大費周章想對策，應該讓他自己發現。

[方法八] 透過五個重點，讓一對一面談持續執行下去

讓部屬主辦一對一面談

如果部屬也覺得一對一面談是有意義的活動，就能持續舉行，因此，必須讓部屬成為當事人。例如：由部屬向主管預約時間、準備面談的主題和內容，結束時請部屬分享面談記錄。讓部屬主辦一對一面談，部屬就能善加利用主管的功能。

原負責谷歌人才發展的彼優特・菲利克斯・吉瓦奇（Piotr Feliks Grzywacz），在其著作提到讓部屬知道利用主管的重要性。一對一面談時，將希望部屬出席時攜帶的資料或內容，寫成「自我操作說明書」（How to use me），培育部屬成為懂得

利用主管的人才。不過，要注意不能完全委任給部屬，主管必須經常思考活用一對一面談的方法。啟動一對一面談的半年後，是適合培訓部屬利用主管的時機。

非例行時間也能一對一面談

雖然定期舉行一對一面談是基本目標，可以幫助主管和部屬找出工作節奏，但是**在例行時間以外舉辦一對一面談，也要根據情況抓準時機**。在最有效的時間點進行面談，不僅對部屬有利，也相當必要。例行時間外進行一對一面談的最佳時機如下：

- 發怒後：發怒以後實行一對一面談，主管可以表達自己的真心，並聆聽部屬的想法。
- 褒獎後：主管在一對一面談說明褒獎的理由，部屬會覺得再次受到讚美，同時也能讓部屬不斷實踐值得獎勵的行為。

- 會議後：確認部屬對會議內容的理解程度，並加強說明。
- 表情沉重、沒有幹勁時：轉告部屬周遭人的意見，並詢問及確認理由。
- 失誤或失敗後：瞭解原因並確認今後的行動。不應該斥責，而是給予鼓勵的同時，確認今後的任務。
- 考核前：在考核前傾聽部屬努力的事情，與希望得到好評的事項。

「六階段」提升一對一面談品質

如果一對一面談能夠持續、順利舉行，面談本身會有什麼樣的變化或成長呢？我們長期旁聽主管及部屬的面談內容，將「一對一面談的成長過程」分為六個階段：

- 階段一：溝通量增加，建立主管與部屬的信賴關係。
- 階段二：透過傾聽更加瞭解部屬，加深主管與部屬互相理解的程度。

- 階段三：透過認同提升部屬熱情。
- 階段四：透過提問與回饋，讓部屬從工作中獲得教誨或啟示。
- 階段五：根據教誨或啟示，部屬展開新的行動、接受挑戰。
- 階段六：透過挑戰，讓部屬感受貢獻成果的成就感，以及能力的提升。

從擅長活用一對一面談的主管與部屬身上，可以看到每一步進階的成果。雖然不一定能清楚區分每個階段，但是會在重疊的情況下逐漸提升。在彼此建立信賴關係的同時，消除部屬的不安，激發其動機。從工作上的成功或失敗的經驗得到教訓，並活用這些教訓接受挑戰，提升部屬的成就及能力。

就算品質沒有提高，也可以先增加執行次數，不久後就能提升面談品質，一對一面談會成為部屬貢獻成果的支援策略。如果面談沒有辦法達到這些目的，就無法在各個職場中繼續存在。因此，時常回顧這六階段，確認自己在一對一面談的哪個階段，期待自己與部屬的成長。你應該先重視階段二與階段三，並努力持續實施一對一面談。

不要讓部屬有冷場感

在我擔任人資諮商的VOYAGE GROUP（簡稱VG）中，有個專門打造企業文化的部門「企業文化室」，負責舉辦建立、維持企業文化的相關活動和策略。該部門主管宮野說過，他最在意的是如何讓每一個策略「不會失色」。

由公司制定、強制員工接受的策略，難免會讓員工失去自主性。因此，在執行策略時不使用強制手段，多以獎勵的方式實施。**為了讓員工主動參與，他們會注意「是否無趣」、「是否合宜」等意見。**

一對一面談也是一樣，VG也獎勵主管與部屬之間，至少一個月要舉辦一次一對一面談，也有人會每週實施三十分鐘面談。在策略實施前，主管曾與人事部的人召開過多次的意見交換會議，瞭解一對一面談的意義與宗旨。

在實施階段，企業文化室悄悄地在辦公區的自由空間桌上，擺放自製的漫畫書。漫畫書描述主角為了達成目標，與同事們進行一對一面談，因此獲得成長。剛開始主角只會說自說自話，後來就漸漸習慣能夠讓同事們成長的一對一面談，也熱情參與。

那本漫畫書擺的位置十分醒目，大家總會忍不住拿起來看，於是在公司裡口耳相傳，最後大家都知道一對一面談的存在及重要性。現在的年輕世代可以透過漫畫學到許多事情，所以他們把策略擺進漫畫書裡，引起極大迴響。

確實實施一對一面談後，透過每年兩次的「員工滿意度調查」，詢問是否確實舉行一對一面談？或是一對一面談是否發揮功能？再依據回答的內容調整策略，讓一對一面談成為最重要的溝通管道，也支撐公司的企業文化。我在VG學到，**要讓員工覺得公司重要，端看公司如何重視員工，以及如何花心思及時間建立員工觀念。**

思考策略內容也很重要，但是做法部分要更徹底規劃。如果你是主管，雖然思考一對一面談的談話主題很重要，但站在部屬立場，徹底規劃該如何做，才能讓部屬活用一對一面談，還要思考如何賦予動機，讓部屬願意主動參加。

一對一面談的三種心態

一對一面談永續執行的重要關鍵是心理準備，一切從自己的心開始。在實行過程中可能會遇到討厭的事、麻煩的事，也會有想逃離的念頭。但是能夠讓我們度過難關的，最終還是自己的內心。為了不讓自己的內心動搖，以下舉出三項讓一對一面談永續執行的心理準備：

●五勝五敗就是好結果

這是VG擅長活用一對一面談的小林直道說的。一對一面談不需要每次都很完美或充實地結束，太過追求理想、講究完美主義會帶給自己壓力。主管一旦神經緊繃，會讓部屬跟著緊張，無法融洽地交談。

如果你認為這次的一對一面談失敗，不要責備自己，也不要責備部屬，只需要知道「這次不順利」即可。不是馬上判斷好或不好，造成自己情緒起伏，而是以長遠的眼光觀察。

告訴自己，當部屬覺得「這次面談太棒了」的次數與「這次面談真無趣」的次數各半，就表示一對一面談確實發揮功效。如此一來，自己的狀態也會變好，提高成果滿意度，對方也更能夠接受，讓一對一面談可以持續舉行。

● 不要擺架子

主管如果總覺得自己一定要成為楷模，經常擺架子，只會把自己搞得很累。一味誇耀自己的優點，讓部屬無法訴苦或說出真心話。過度想讓對方變好，反而變成在誘導部屬，讓對方覺得不舒服，部屬只會覺得主管雖然擺出在聽的樣子，其實還是想要說服自己。

如此便無法讓主管與部屬共同前進，反而使部屬留下負面印象，彼此都很痛苦。**主管不要擺架子，應該與部屬站在同樣高度，試著讓部屬或周圍的人來主導。**

當你遇到無法自己解決的問題時，就請教別人，或是利用書籍等外在資源找出解決方法。一對一面談是由主管與部屬兩人一起創造的成果。

● 不求正確，而是求歡樂

在一對一面談時，主管的職責是打造能讓部屬安心發言的場合，尤其必須營造出讓部屬說出真心話的氣氛。因此，必須觸及平常不會說出口、隱藏在部屬內心深處的感情。

我們平常在公司被要求「喜怒不形於色」。公司不會問我們「喜歡或討厭」，而是問「對或錯」。人們都被教導不憑好惡工作，不要把私人感情帶進工作。身為社會人士確實需要這麼做，但是人性無法把感情切割得如此清楚，有時候需要聽部屬發牢騷：「我討厭這個工作」，讓他們發洩。

應該有許多讀者是認真思考該如何培訓部屬的主管。可是，過於認真反而讓「必須這麼做」的想法變得太強烈。一旦覺得要舉辦正確的一對一面談，氣氛就容易變得尷尬，尤其在剛開始時，千萬不要讓部屬對一對一面談留下不好的印象，因為部屬總是對傳統的面談感到緊張或不適應。

最重要是要打造與傳統面談截然不同的氣氛。**請記得：目標不是實施正確的一對一面談，而是讓一對一面談充滿笑聲和歡樂。**

重點整理

- 主管與部屬約定一對一面談的日程，要像與客戶約定般謹慎。
- 別讓一對一面談成為例行公事，而是像舉辦活動，保留新鮮感。
- 選擇場地、準備道具，營造適合一對一面談的氣氛，並且賦予獨特的命名，讓面談更具吸引力。
- 利用雲端功能，建立面談資料庫，便能回顧及確認進度，並且掌握部屬的改變。
- 利用「一對一面談實踐清單」，輔助確認面談的進度與主題，同時作為下次面談的參考。
- 將一對一面談分為四部分：打破冷場並確認身心狀況、回顧上次內容並給予認同、本次的面談主題、總整理及確認實踐計畫。

- 在橫向一對一面談時，主管可以共同找出解決部屬困擾的策略，並且提升主管的培訓能力。
- 要讓員工重視公司，端看公司如何重視員工，以及如何花心思建立制度及概念。

編輯部整理

NOTE

後記

與自己進行一次深度的對話練習！

一對一面談不僅是主管與部屬的對話時間，也是部屬透過主管的提問，與自己內心對話的反省時間。同樣地，主管也應該進行自我一對一面談，養成自我反省的習慣。

自我一對一面談能夠讓你發掘出自己的想法或意見，並且在這個過程中實現成長。史蒂芬・柯維（Stephen Covey）博士繼全球暢銷書《與成功有約：高效能人士的七個習慣》（*The 7 Habits of Highly Effective People*）後，在《第八個習慣：從成功到卓越》（*The 8th Habit: From Effectiveness to Greatness*）中表示：「不僅要發覺自己內在（內心）的聲音，並且成為促使其他人發現自我心聲的人。」

人願意聆聽外界的聲音，卻不會傾聽自己內心真正的想法。能夠傾聽自我內心的人，才具有領導特質。

我認為，現代的主管更需要養成傾聽自己心聲的習慣，因此需要自我一對一面談。自我一對一面談的方法因人而異，你可以用冥想的方式，在腦中進行思考，跟自己對話。或者，你可以準備兩張椅子，一邊變換位子，一邊回答及說出想法，同時用錄音器材紀錄。每當我遇到問題時，就使用這個方法，不斷切換自己的人格，可以達到不錯的效果。

自我一對一面談不僅讓你關注自己，在平常一對一面談時也能更關注部屬的狀況。本書記錄了非常詳細的做法，當然，你不一定要做到每個細節，但務必找出自己認同的部分來實行。

最後我想要告訴各位，確實實踐一對一面談的每個細節，也是成為一流主管的方法。部屬隨時都在檢視主管的一舉一動和為人處世的態度。試想：如果自己站在部屬的立場，是不是會以嚴格標準來評分主管？例如：對於公司的經營者、議員、總理等大人物，我們都會以嚴格標準來評定他們的所做所為。

我常用冰山比喻「為人處世的態度＝人格」與「做事方法＝能力」。如同本書所述，做事方法是看得見的部分。可是有個屹立不搖的因素支撐著「做事方法」，它沉於海面下，無法直接被看見。而本書的真正目的，是建立這個不可視的因素。

擔任主管正是一個人最能獲得成長的時期。我希望各位讀者可以把這份職務視為一個好機會，促進自己的人格成長。

要建立為人處世的態度，許多人都難以想像實際做法，因此要善用做事方法和工作技巧。例如：「閒聊可以分為四個階段，而每個階段的成效都不一樣」，指的是做事的方法。但是，與其正確地實行，應該抱著「竟然有這樣的方法？不妨試一下」的想法主動嘗試。想主動瞭解部屬的態度，才是打造人格、建立為人處世態度的關鍵。

本書記載許多一對一面談的方法和技巧，撇除細節不談，如果讀者能因為本書而實踐一對一面談，就是我最開心的事。身為主管雖然辛苦，但也是重要的角色。希望每位主管都能樂在工作，同時讓自己成長。我也會繼續為這些主管加油打氣。

此外，影響力席捲全球的矽谷企業，其組織力之所以如此強大，我認為關鍵就在一對一面談的內容。誠心期望企業能透過一對一面談更成長茁壯，活躍於全世界。

本書多虧許多企業及相關人士的幫忙，才能順利出版。感謝這些人多次讓我旁聽，甚至直接讓我出席他們的一對一面談。原本該一一列名致謝，但因為人數眾多，特別藉此版面向所有提供協助的人致上最深的謝意。

最後要感謝各位讀者耐心閱讀完本書。

NOTE

範例集

一對一面談的提問與表達例句

一對一面談的提問、傳達方法的案例全覽

1. 瞭解彼此的個人生活
2. 確認身心健康狀況
3. 提升工作動力
4. 改善個人工作與組織課題
5. 設定目標與考核評鑑
6. 開發能力與職涯規劃
7. 傳達策略與方針
8. 總整理與實踐計畫

※關於提問方式，請視你與對方的關係而改變。

1. 瞭解彼此的個人生活

▼階段一

「故鄉是哪裡？」
「現在住在何處？」
「有幾位兄弟姊妹？」
「學生時代最想做的事情？」
「現在的興趣是什麼？讓你著迷的事情是什麼？」
「週末通常會做什麼事？」
「有喜歡或討厭的食物嗎？」

▼階段二

「小時候喜歡什麼？」
「工作以外，有讓你感到痛苦難受的事情嗎？」

「尊敬的人物是誰？」

「將來想做什麼？想成為什麼樣的人？」

「可以列舉許多能提高自己動力的事物嗎？」

「在職場上，喜歡什麼類型的人？討厭什麼類型的人？」

2. 確認身心健康狀況

▼健康

「最近睡得好嗎？身體狀況好嗎？」

▼工作量

「工作量沒問題吧？都做得完嗎？」

「現在都幾點下班呢？需要把工作帶回家嗎？」

▼環境

「現在對公司有什麼在意的事嗎？」

「跟大家相處沒問題吧？」

3. 提升工作動力

▼負面能量最小化（傾聽）

「我知道你有許多想法，你特別在意什麼事？」

「可以具體說明是什麼樣的事嗎？」

「能不能再說得詳細一點讓我知道呢？」

「其他還有什麼問題嗎？」

▼正面能量最大化（認同、稱讚）

「前幾天你把○○做得很棒，我很感動。」

「關於〇〇，你做得很好，很棒。」

「你的〇〇很受好評。□□先生大力誇獎你。」

「謝謝你幫我做了〇〇。真的幫了很多忙。」

4. 改善個人工作與組織課題

▼掌握工作現況

「請告訴我現在的工作重點。」

「與目前工作相關的人士是什麼樣的人？」

「我想工作應該還順利進行，但如果有令你擔心的部分，你認為是什麼事？」

「工作上有什麼請求嗎？譬如給你更多自由發揮的空間？」

▼改善工作現況

「現今工作面臨的困難是什麼？」

「現今工作有讓你困擾的問題嗎？」

「你認為什麼能讓你現在的工作更順利？結果更精準呢？」

「目前的工作，希望我能幫你什麼忙？」

▼把視野拓展為整個團隊

「你認為我們團隊現在的優勢及課題為何？」

「為了讓團隊更好，能夠做些什麼？」

「以你來看，你覺得現在所有成員都能發揮實力嗎？」

「最近你覺得哪位成員狀態良好？你在意哪位成員可能碰到問題？」

▼詢問關於工作或組織的未來

「商場環境可說是瞬息萬變，你身處其中有何感受？」

「從最近的營業額趨勢來看，你認為往後市場走向如何？公司提供的服務該有何改變？」

「為了達成目的，今後我們的團隊該做什麼事？」

「對於現在的市場環境變化，你有何看法？或者有沒有想到任何的因應對策？」

5. 設定目標與考核評鑑

▼設定目標

「請告訴我下一次的考核目標是什麼？」

「你能想像訂立這個目標的背景因素嗎？」

「你知道這個目標對於整體有何影響嗎？」

「達成目標後，你能獲得什麼？」
「如果目標沒有達成，你可能會失去什麼？」
「為了達成這個目標，你的最佳優勢是什麼？」
「為了達成這個目標，哪件事可以更有效率？」

▼考核評鑑

「關於這次的考核，如果十分是滿分，你給自己打幾分？」
「給這樣分數的理由是什麼？」（內心想法）
「請告訴我這次考核達成什麼成果？」
「你如何分析這項成果成功（失敗）的因素？」
「為什麼能（不能）達成目標呢？」
「這次的考核，你特別努力或花心思的部分為何？」
「這次的考核，你覺得在技能或實力方面有哪些提升？」

6. 開發能力與支援職涯規劃

▼開發能力

「你在意的自我能力開發是什麼？」

「關於這個主題，這個月完成了哪些事？」

「關於這個主題，你遇到什麼難題？」

「這個月的工作中，你在哪部分投入最多心力？」

「你學到了什麼？得到什麼樣的啟示？」

「對於我和其他成員，有沒有任何要求？或是希望我們協助的地方？」

「以你的實力來看，會不會覺得現在的工作很無趣？」

「我正在思考團隊的策略方針，可以稍微跟我討論看看嗎？」

▼確認強項、弱項

「你認為自己的強項是什麼？」

「你認為自己的弱項是什麼？」

「如果要把你的強項活用於目前的工作，你能做什麼？」

「目前工作的意義為何？」

「在處理工作的過程，請說出三項你認為很重要的事。」

▼關於未來的職涯規劃

「職涯目標和想做的事，有沒有改變呢？」

「今後對於部門、團隊，你想如何貢獻？」

「如果你想好未來想做的工作或職涯規劃，請告訴我。」

「你想成為什麼樣的人？」

「好好思考，將來你想培養什麼樣的能力？」

7. 傳達策略與方針

◆逆向報告、聯繫、商量（傳達方法範例）

▼決定事項

「這次的會議結果，決定了〇〇。」

▼達成目標的流程

「為什麼會有這樣的結論……」

「背景因素是……」

「所以，這次決定引進〇〇。」

▼主管的訊息（今後的行動）

「因此，我希望你能照那樣去做。」

8. 總整理與實踐計畫

「今天的談話中印象最深刻的事？」

「今天的談話中最想記住的事？」

「用自己的話把今日的面談內容總整理？」

「為了下次的面談，實踐計畫是什麼？」

「確認5W1H（何時開始？在哪裡進行？對象是誰？做什麼事？原因？如何做？）」

「為了達成目標，有沒有我能幫忙的地方？」

國家圖書館出版品預行編目(CIP)資料

連薩提爾也佩服的 4 堂溝通課 對話的力量：帶人要深得人心，不是單向的「說道理」，而是要溫暖他「受傷的心理」！／世古詞一著；黃瓊仙譯. -- 臺北市：大樂文化，譯自：シリコンバレー式最強の育て方：人材マネジメントの新しい常識1on1ミーティング
ISBN 978-986-96596-0-4（平裝）

1. 企業領導　2. 組織管理　3. 說話藝術

494.2　　107009689

BIZ 063

連薩提爾也佩服的 4 堂溝通課 對話的力量
帶人要深得人心，不是單向的「說道理」，而是要溫暖他「受傷的心理」！

作　　者／世古詞一
譯　　者／黃瓊仙
封面設計／蕭壽佳
內頁排版／顏麟驊
責任編輯／林嘉柔
主　　編／皮海屏
圖書企劃／張硯甯
發行專員／劉怡安
會計經理／陳碧蘭
發行經理／高世權、呂和儒
總編輯、總經理／蔡連壽

出 版 者／大樂文化有限公司（優渥誌）
台北市 100 衡陽路 20 號 3 樓
電話：（02）2389-8972
傳真：（02）2388-8286
詢問購書相關資訊請洽：2389-8972
郵政劃撥帳號／50211045　戶名／大樂文化有限公司

香港發行／豐達出版發行有限公司
地址：香港柴灣永泰道 70 號柴灣工業城 2 期 1805 室
電話：852-2172 6513　傳真：852-2172 4355

法律顧問／第一國際法律事務所余淑杏律師
印　　刷／韋懋實業有限公司

出版日期／2018 年 7 月 16 日
定　　價／280 元（缺頁或損毀的書，請寄回更換）
I S B N　978-986-96596-0-4

大樂文化